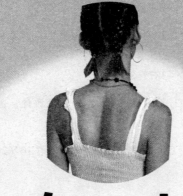

女人
你要学会保护自己

张盛林

编著

民主与建设出版社

·北京·

图书在版编目（CIP）数据

女人，你要学会保护自己 / 张盛林编著 . -- 北京：
民主与建设出版社，2022.7

ISBN 978-7-5139-3877-8

Ⅰ.①女… Ⅱ.①张… Ⅲ.①女性 – 安全教育 – 普及
读物 Ⅳ.① X956-49

中国版本图书馆 CIP 数据核字 （2022）第 102620 号

女人，你要学会保护自己
NÜREN NI YAO XUEHUI BAOHU ZIJI

编 著	张盛林
责任编辑	程 旭
封面设计	沈加坤
出版发行	民主与建设出版社有限责任公司
电 话	（010）59417747　59419778
社 址	北京市海淀区西三环中路 10 号望海楼 E 座 7 层
邮 编	100142
印 刷	天津文林印务有限公司
版 次	2022 年 7 月第 1 版
印 次	2022 年 8 月第 1 次印刷
开 本	880 毫米 × 1230 毫米　1/32
印 张	7
字 数	180 千字
书 号	ISBN 978-7-5139-3877-8
定 价	50.00 元

注：如有印、装质量问题，请与出版社联系。

前 言

　　自古以来，女性就是天生的弱势群体，因此容易成为被攻击、被伤害的目标。尽管近些年来女性逐渐"顶起半边天"，但由于生理条件的原因，她们的应急处理能力、自卫反击能力终究无法与男性相提并论。有调查显示，男女冲突中，大多数的施暴者为男性，而大多数的受害者为女性。近年来，女性被骗钱财、被殴打、被强奸、被杀害的案件频频发生，有些案件甚至引起了社会的广泛关注。比如，2016年的江歌事件，2017年的上海杀妻藏尸案，2018年和2019年多起顺风车女乘客被杀案，2020年7·5杭州女子失踪案……

　　除此以外，女性在生活中还面临着其他危险和挑战，比如，日常生活中出门在外被人尾随，网络交友被骗，还有职场上的性骚扰，婚姻家庭中的矛盾冲突等。一方面是女性面临更多的危险和挑战，另一方面是女性相对属于弱者的事实。这使得广大女性朋友更加需要学习自我保护知识，增强自我防范意识，提高自我保护能力，这样才能更好地避免各种危险和伤害。

　　杭州一女子晚上回家遭遇过这样一件事：

一天晚上，一女子一边与男友打电话，一边往小区的电梯里走，一名男子一直尾随着她，还用手机偷拍她，但她毫无察觉。女子回家后关上门、换了衣服，然后在厨房洗菜、切菜。突然，尾随男子出现在她身后，捂住她的嘴巴将其扑倒。女孩情急之下拿起案台上的菜刀奋力反抗，男子见状撒腿就跑。

随后女子选择报警，警方通过监控很快就将男子抓获。

经审查，男子手机相册中存有3000多张疑似偷拍而来的女性照片，车上还有全套开锁工具。

这个案例提醒广大女性，走夜路的时候千万不要低头玩手机或只顾打电话，就算进入了自家小区，就算进到单元楼，也要保持警惕，多注意周边的情况。条件允许的话，最好在家门口安装监控，门锁换成安全性较高的，进出门记得反锁。

另外，女性在遇到危险时我们可以向旁人求助，但求助旁人也是有讲究的。因为有些犯罪分子可能事先安插同案犯扮演普通路人，通过配合实施作案。不信的话，来看下面的例子。

公交车到站开门后，一名男子突然堵住门口说："我的手机不见了，肯定是车上某个人偷了，大家不准下车。"这时旁边有人说："你借个手机拨打你的电话，看手机在谁身上。"于是，那个男子向身边一位女子说："把你手机借给我拨一下号码可以吗？"那名女子不假思索地将手机递过去，男子拿到手机后，突然转身下车跑掉了。很快，那名出主意的男子也下车了，原来他们是一伙的。

看完这个案例，你是否有一种"防不胜防"的感觉？的确，这就是坏人的狡猾之处，你永远不知道他们会用什么招数坑蒙拐骗，也不知道他们对你会有什么不良居心。因为你在明处，他们在暗处。所以，保护自己的关键不是寄希望于坏人不伤害你，而是要提高警惕，强化自己的防范意识，防患于未然。

　　作为女性，应该了解基本的自我防范、自我保护常识。比如，不要一个人走夜路；不要去灯红酒绿的娱乐场所；不要随便喝陌生人给的饮料；不要向不熟悉的人透露自己的家庭住址；不要相信任何关于中奖、退款、发财的信息；不要随便和陌生网友见面；不要穿过于暴露的衣服……

　　另外，不要以为只有外面才有危险，其实在家里也要注意安全，也要做好自我防范。比如，夜间关好门窗，防范入室盗窃和抢劫；经营好婚姻和家庭，和丈夫、婆媳和睦相处；对婚姻要忠诚，不搞婚外恋，不做第三者；夫妻吵架、冷战有讲究，防止激化矛盾，避免引起家暴……总之，保护自己是一门学问，每个女人都要用心学习。

目 录

第 3 章
不要太单纯，社会比想象中更复杂

第 4 章
女人在职场上如何保护自己

第 1 章

女人，保护好自己比什么都重要

　　每个人的生命只有一次，生活却处处充满意外，作为社会弱势群体的女性，保护好自己比什么都重要。保护好自己，才能够欣赏每天初升的太阳；保护好自己，才能与家人共度美好时光；保护好自己，才能安心打拼事业，享受工作的快乐；保护好自己，一切的一切才有机会去实现。

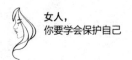
每个女人都要懂得保护自己

案例一

2020年7月5日，杭州一位女子离奇失踪。警方经过多方调查，最终锁定凶手并将其逮捕。但让人意想不到的是，凶手居然是她的枕边人——她的丈夫，其作案手段之残忍，令人毛骨悚然，他将妻子杀害后肢解，并将尸块冲进化粪池中。最后，他竟然还伪装成好人。

案例二

2018年6月15日，24岁女演员张某在昆明游玩，当天下午4点，她去了一家理发店的阁楼上洗头发。店主黄某见张某身材高挑、颜值出众，顿时心生歹念。他借故下楼，悄悄关上了店门，然后上楼欲行不轨，但张某奋力反抗，并大呼救命。结果黄某一只手勒住张某的脖子，另一只手捂住她的口鼻，致张某窒息而亡。之后更令人发指的是，黄某居然对死去的张某进行了奸污，后又毁容抛尸。

近年来，女性被杀害、被强奸或失联的案件频频发生，令人惶恐不安。这些原本只能从电视剧中看到的情节，竟然真实地在我们身边发生着。这无疑给女性朋友敲响了警钟。作为社会的"弱势群体"，女性朋友无论出门在外，还是独自在家，都应该重视自己的人身安全问题，任何时候都要学会保护自己，不让坏人有可乘之机。我们来看以下几点自我保护常识。

1.晚上尽量不要独自出门

晚上是犯罪分子行凶作恶的高发时段，很多女性被伤害的案件都发生于晚上。因此，如果你晚上没有什么紧要的事情，最好不要独自出门，特别是不要去酒吧、舞厅、游戏厅等场所，因为这些场所潜藏的危险因素太多了。

如果你白天忙于工作，想晚上出门夜跑或逛街，放松一下疲惫的身心，那么最好约上三两个好友一起，而且不要在人少的路上夜跑，也不要逛到太晚回家。

2.出行最好选择公共交通工具

近些年来，年轻女性乘坐顺风车、黑车、黑摩的等非正规运营车辆遭遇侵害的案件层出不穷，因此为了自己的人身安全，女性出行最好选择公共交通工具。若不得不乘坐出租车、网约车，请在上车前记好车牌号，上车后及时将车牌号发给家人或朋友。途中一旦察觉行车路线异常，要及时将自己所处的位置发送给家人或朋友，以防万一。

3.穿着要得体，切勿过于暴露

爱美是女人的天性，特别是夏天，很多女性喜欢穿低胸装、露背装、超短裙、超短裤等，认为这样既凉爽又性感。殊不知，这种着装很

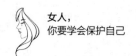
容易引人胡思乱想。特别是挤公交、地铁时，很容易成为"咸猪手"的骚扰目标。因此，为了个人安全，女性穿着一定要得体，切勿过于性感妖艳，过分暴露，要以舒适、大方为主。这样其实是在保护自己。

4.在外租房一定要多留个心眼儿

如今在外打拼的女性越来越多，很多女性都是独自一人在外租房，这其实有很大的安全隐患。2018年，一段关于"出租屋女孩被邻居拖走欲行不轨"的视频在网络上疯传，引发网友热议。这就提醒女性朋友，在外租房一定要多留个心眼儿。首先，能和同事、朋友合租就不要单独租房；其次，下班回家后，要留心家里的物品摆放，看是否有被人翻动的迹象，如果有异样，应马上离开，然后考虑报警；最后，尽量不要在深夜点外卖，如果点了，可以让外卖员将外卖放在门口，等对方离开后，再开门取回来。

5.不要轻易相信陌生人的求助

当你出门在外遇到需要帮助的人时，你会怎么做呢？如果求助者是中年男性，你可能会警觉，不会轻易上当。但如果对方是老人、小孩或孕妇呢？比如，一位老人对你说："姑娘，我好几天没吃饭了，你可以给我20元买吃的吗？"你可能会放下戒心，去帮助对方。殊不知，对方正是利用你的善良和同情心，或骗取你的钱财，或设法对你实施进一步侵害。所以，不要轻易相信陌生人的求助，不是我们不够善良，而是社会太复杂，人心隔肚皮。因此，有时候宁愿多一些警惕之心，也不要让自己的善良被人利用，让自己的人身安全受到威胁。

6.不要轻易向别人透露个人信息

女人一定要有保护个人隐私的意识，不能轻易向别人透露个人信息。比如，个人的身份信息、家庭住址、家庭成员和父母的职业等。即便是在网上购物时，所填的收货地址也不宜太具体。另外，对于索要你身份信息的人，一定要提高警惕，弄清对方的动机。否则，不要轻易告诉他们。

7.遇到不良之人时，一定要及时止损

女人保护自己，不能只防陌生人，有时候还需要防身边的人，甚至是枕边人。当你遇到不良之人时，一定要有壮士断腕的勇气，及时止损，尽早远离。千万不能拖延犹豫，否则最后受伤的就是你。就像前文案例中的女子，她和丈夫的矛盾由来已久，两人经常发生争吵。如果早一点儿选择离婚，及时止损的话，也不至于命丧黄泉。这也提醒女性朋友们，在面对家庭纠纷或人际纠纷时，一定要有防备意识和及时止损的勇气。

最后，最重要的是女人要有临危不乱、机智勇敢的心理素质。遭遇突发情况时，要先稳住对方，伺机观察周围情况，找到机会就大声呼救，或突然反击，给歹徒致命一击，然后迅速逃脱。如果不慎被歹徒控制住，一定要记住一句话：生命第一，钱财乃身外之物。切勿盲目反抗，以免激起歹徒的杀心。

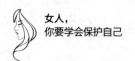

做一枝带刺的玫瑰，安全而美丽地绽放

　　女人如花，千娇百媚。若要问女人最像什么花？答案无疑是"玫瑰"。因为玫瑰娇艳、芬芳，最能展现女人的美，最惹男人的爱。然而，玫瑰虽美丽却不任人采摘，因为它枝头带刺，因此能够很好地保护自己。可人世间又有多少女人能像玫瑰花一样安全而美丽地绽放呢？更多的时候，女人这朵花因为没有带刺而太容易被采摘，导致不被人重视和珍惜，结果自己付出最多却受伤最深。

　　晓琳是一个腼腆、自卑的女孩，平时很少和男生接触。有一次，她通过一次偶然的机会在网络上结识了阿华，不久两人陷入了热恋。晓琳很珍惜和阿华之间的感情，对阿华可谓百依百顺。起初阿华有什么事都会跟晓琳商量，后来阿华见晓琳没有主意，什么事都听他的，也就不再和她商量了。

　　有一次，晓琳的父亲出了车祸需要手术，当晓琳拿着银行卡去医院交费时，却发现卡里余额不足。银行卡的密码只有她和阿华知道，于是晓琳打电话问阿华怎么回事，阿华却说卡里的钱被他拿去投资了一个项目。

这件事让晓琳很伤心，事后阿华用甜言蜜语哄骗晓琳，说自己错了，还说等项目赚钱了一定把钱还给晓琳，于是晓琳就这样原谅了阿华。可是投资的项目最终没有回本，晓琳多年辛苦积攒的钱也有去无回，但她仍然没有把这件事放在心上。

后来有一次，晓琳出差提前回来，本想给阿华一个惊喜，却不曾想到，当她推门而入时，看到的却是阿华和别的女人亲密地抱在一起。晓琳一边哭一边告诉自己，一定是那个女人勾引了阿华，才导致阿华鬼迷心窍……

晓琳不计回报地付出，没有原则地退让，换来的只是一次次的以泪洗面。如此善良而不懂得保护自己的女人，是不会被人珍惜的，也很难拥有幸福美好的生活。因为她把自己的一切都寄托在男人身上，永远只会被牵着鼻子走。

聪明的女人应该有自己的原则和底线，懂得什么时候展现自己如花般的娇艳美丽，什么时候露出枝头的尖刺，勇敢地捍卫自己的尊严和权益。懂得什么时候付出、什么时候回击、什么时候放手的女人，才能更好地保护自己。

一直以来，吴姐给人的印象就是集自信、智慧、魅力于一身的女人。在工作中，她待人真诚，但拒绝和异性搞暧昧。当客户对她有非分

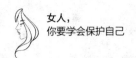
之想时，她都会委婉而不失礼貌地回绝，全凭个人能力获得业绩，赢得老板信赖。对待公司同事，她像对待自己的兄弟姐妹一样，但对于背后说人坏话、造谣传谣的人她绝不忍气吞声，而是有理有据地反击。在婚姻恋爱中，她懂得付出真情，但对于另一半错误的行为会毫不留情地指出，当另一半触犯她的底线时，她会很有原则地处理。

记得结婚没多久，吴姐的丈夫总以自己开销大为由，不仅没有补贴家用，反而经常从吴姐这里拿钱。后来，吴姐发现丈夫之所以不给家里补贴家用，是因为他在外面赌博，不光把她的月收入搭了进去，还败光了公婆多年的积蓄，于是她当即提出了离婚。

俗话说："人善被人欺，马善被人骑。"作为女人，如果你一味地心地善良，一心为别人考虑，最后受伤的往往是你。因为当善良遇上了险恶时，总是善良先受伤。其实，善良并不是你的错，错就错在你的心没有设防，你的善良没有底线，你的付出没有原则。所以，女人一定要做一枝带刺的玫瑰，拥有保护自己的有力武器。以下三点一定要注意。

1.女人的善良与付出一定要给值得的人

碰到有感恩之心、有爱心，懂得珍惜你的人，你的善良与付出才有价值。如果给错了人，无异于上演了一出农夫与蛇的故事，最后甚至给你带来性命之忧。所以，女人要擦亮眼睛，看清你眼前的人值不值。如果不值，请赶紧远离，尽快止损。

2.女人可以单纯，但单纯之中要带锋芒

单纯是与世无争，是以和为贵，是善待他人，但是当别人把你的单纯视为老实，处处刁难你，给你穿小鞋，触犯你的利益，占你的便宜时，你一定不要忍气吞声，而要奋力反击，让对方尝尝你的厉害。

3.女人要洒脱，要拿得起，也要放得下

作家苏岑说过："做一个心狠的人，这不代表你不善良，而是关键时刻懂得决断。"而每个狠心的女人，一定都懂得及时止损的道理。当你默默忍受老板的刁难、同事的怠慢，或另一半的指责、亲人的不理解时，你要清楚一点：无底线的仁慈就是对自己最大的残忍。这时你应该果断放下，要有"大不了换一份工作，山不转水转""没有你我一样能活，地球离了谁都照样转"的洒脱心态，千万不要一味地把别人的错误强加在自己身上，让自己一直受委屈。

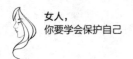
不要为了任何事情，丧失做人的底线

半个月前，小曼的男友"劈腿"了，小曼愤而分手。为人和善的同事赵姐得知此事，就私下里跟小曼谈起这件事，她淡然地说："男人花心很正常，没必要太放在心上。"

她还讲起自己的丈夫——常年在外跑业务，几乎不着家，而且在外面乱搞男女关系。她也曾想过离婚，但她的父母劝说她"睁一只眼闭一只眼，只要他每个月给家里钱就行"。

后来她也想开了，"离婚又能怎样？孩子没有一个完整的家，自己也不一定能找到更好的，还不如就这样过日子！"

聊天最后，赵姐语重心长地对小曼说："你的前男友我见过几次，送你上班接你下班，还经常给你买好吃的，我看这小伙子挺不错。如果他知道错了，回来找你求复合，你一定要给他一个机会啊。"

小曼听到这话无言以对。

其实，生活中不只是赵姐，还有很多女人都活得没有底线，一味地容忍，卑微到骨子里，最后让自己伤痕累累。因为容忍过头就是纵容，隐忍过头就是软弱，顺从过头就是自轻自贱，这样的女人又能挽回什么呢？恐怕只会给对方留下一个"好欺负、好欺骗"的印象，让对方变本加厉地"伤害"自己。

古语有云："山自重，不失其威峻；海自重，不失其雄浑。"同样，人自重，不失其尊严。自爱自重是做人的根本，是处世的底线，是维护尊严的法宝。聪明的女人都会坚守自己的底线，懂得对触犯自己底线的人和事说"不"。这样才能活得有尊严、有底气，才能活出真正的自己，也才能更好地保护自己。那么，女人应当坚持哪些底线呢？

1.身体的底线——绝不出卖或伤害自己的身体

身体是革命的本钱，爱惜身体，拥有健康，才能享受生活，拥抱快乐，这也是对父母最大的孝顺。正如《孝经·开宗明义》中所说："身体发肤，受之父母，不敢毁伤。"因此，女人任何时候都不能做出卖或伤害自己身体的事情。

小时候，你可能因为一块糖就跟陌生人走。长大后，你一定要有自我保护意识，不能为了某些好处而糟蹋自己的身体，或把身体交给别人。比如，如果你不胜酒力，就不要为了维护所谓的人际关系而与人推杯换盏，或为了迎合、讨好上司、客户而烂醉如泥。更不能因为男人几句甜言蜜语，就轻易与之发生性关系，或为了升职加薪而出卖自己的身体，且不做任何保护措施。要知道，一旦出了问题，受苦的永远是女人。

所以，女人在谈恋爱或面对职场潜规则的时候，要懂得保护自己，

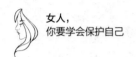

要有自己的底线。想要爱情婚姻完全可以通过慢慢相处，多多了解、考验对方的人品，直到对方让人信任、有安全感；想要升职加薪完全可以通过自己的努力去争取，就算没有成功也堂堂正正、无怨无悔。

2.生活的底线——驾驭生活，自己赚钱自己花

谈到"择偶标准"时，很多女性会对男方的存款数、月薪等提出硬性的要求，坐享其成之意毫不掩饰。然而，俗话说得好："人在屋檐下，不得不低头。"当一个女人幻想"花钱只需伸手要"时，注定是要看男人脸色的。就算一个女人有幸嫁入豪门，不愁没钱花，就算男人包容她，婆婆也未必会把财政大权交给她。

生活中，那些没有经济独立能力的女人，想买件新衣服，想买个包包，想买点儿爱吃的水果，想给父母买个生日礼物，都只能向男人要钱。如果男人不给，女人就只能放弃购物念头。如果男人给得不情愿，女人花得也不痛快。

所以，聪明的女人都有生活的底线，她们会保持经济独立，不会为了所谓的照顾孩子而放弃工作，他们自己赚钱自己花，还可以适当补贴家用。这样女人才能活得理直气壮，花钱时才能心安理得，完全不用看男人的脸色而活，也才更容易赢得男人的尊重和爱。

3.感情的底线——可以去爱，但不能委屈自己

在感情的世界里，女人可以无怨无悔地付出，但前提是"爱对的人"，千万不能为一个不爱自己的人浪费宝贵的青春时光。否则，只会委屈自己，作践自己，被人轻视，到头来一场空。

某知名女歌星当年为了爱情，无名无分地跟男友生活在一起十余

年。为了嫁给男友，她居然在某次演唱会上主动向对方求婚。当时很多人都不看好这段婚姻，就连她自己的妈妈都不看好她的这段感情，认为她爱得太卑微，失去了自我，丧失了底线。她甘愿当男友的摇钱树，愿意为之付出一切。虽然后来他们勉强结婚了，但对方却没有珍惜她，两人最后以离婚收场。

从这位女歌星的婚姻悲剧中，我们应该明白：女人对待感情一定要有底线，要保持清醒的头脑，对于不爱自己的人，一旦看清了，就要及时放手，及时止损。感情中的付出是相互的，女人既要付出爱，也要享受被爱，千万不能惯着一个不爱自己的人，让自己受委屈、受伤害，那根本不值得。

4.婚姻的底线——不做"第三者"，对出轨零容忍

女人，无论你多爱一个人，只要他有女朋友、有家庭，你都要记住一句话：绝不做插足于别人恋爱和婚姻的"第三者"。尤其是当对方有家庭时，你去做"第三者"不仅会赔上自己的青春，还会损毁自己的名声，背上一生的骂名，终究是没有好下场的。因此，真正聪明的女人是不会做"第三者"的。

同样，当你恋爱或结婚后，对待插足自己恋情或婚姻的"第三者"也要零容忍。这里的零容忍并不是直接针对"第三者"，而是针对你的另一半。因此，婚前你可以明确告诉对方你的底线——对出轨零容忍。婚后一旦发现另一半出轨，就要果断地处理。

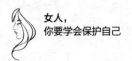

无论受到多大委屈都不要自残，也不要伤害他人

人们常说"女人是感性的"，受了委屈、打击或碰到困难后，容易产生较大的情绪波动。特别是在婚恋情感中被另一半伤害时，容易表现出极端的行为，甚至做出伤害自己的行为，如酗酒、割腕、自己打自己等，借自我伤害来吸引另一半的关注或怜悯，或取得道德制高点，以获得舆论支持。

一天，阿凤想要去烫染头发，老公说烫染头发伤发还浪费钱，坚决不让她去。阿凤很生气，心想："我跟你说一声是给你面子，你不同意我也要去。"当天下午，老公下班后发现阿凤染发了，他很生气，结果此后几天对阿凤都没有好脸色，阿凤跟他说话他也不搭理。

更让阿凤窝火的是，老公连续几天下班后都不着家，任由阿凤怎么发信息、打电话，他都不理，后来勉强接了电话也不说自己的行踪，阿凤感到极度委屈，又无可奈何。这天晚上，老公又迟迟没有回家，心灰意冷的阿凤一口气喝下一瓶白酒，并用水果刀划伤了自己的手腕……

人生在世，不可能事事如意，受点儿委屈和伤害，或被人误解和冷落，这是常有的事。如果你心里委屈了，就一哭二闹三上吊，不是用刀划伤自己就是喝农药，那全家人的日子还怎么过呢？你又怎么让爱你的父母、孩子和亲人幸福地生活？

退一步说，就算你不为父母和子女这些至亲至爱的人着想，你也得为自己的生命健康着想吧？身体是你自己的，生命只有一次，如果你不爱惜自己，而是以自残为乐，或以自残为手段威胁别人，最终最大的受害者难道不是你自己吗？所以，女人要学会对自己的生命负责，任何时候都要学会爱护自己。除了爱自己，女人也要学会爱护身边的人，切莫伤害他人，哪怕是变相伤害，否则留给你的只有悔恨。

曾有这样一则新闻：广西南宁一对年轻情侣发生口角，女孩赌气跳入江中，男孩虽然不会游泳，但情急之下依然奋不顾身跳下去救女朋友，路过的市民也纷纷下水救援。结果女孩被救上岸，男孩却不幸溺水身亡。在派出所里，当女孩被问到为什么要跳江自杀时，她却坦言道："我知道他不会游泳，我只是想吓唬他，考验他是否真的在乎我。"

无论如何，用自残的方式"考验"爱情和婚姻都是不可取的。这条新闻中的女子为了考验男友对自己的爱，任性地"自残"，结果让男友无辜地搭上性命。对男子来说，他再也不能娶女友回家，而对女子来说，她可能要用一辈子的时间来悔过。

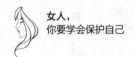
女人，自残或伤害他人根本解决不了问题，只会让不爱你的人找到更多不爱你的理由，只会让爱你的人感到害怕和担忧，只会让你付出惨重的代价，让你一个人承受生命之痛。所以，无论受到多大委屈都不要自残，更不要伤害他人。你要做的是调整心态，调整好看问题的角度，保持愉快的心情生活。

1.敞开心扉，理性沟通

女人，当你因生活琐事或情感问题感到自己不被重视，或感到委屈时，请不要消极逃避，不要坐等别人关注你、呵护你、满足你的心理需求，而要敞开心扉，理性沟通，搞清楚事情原委和对方的想法。这样才能避免彼此间的误解，避免小小的不愉快变成不可调和的大矛盾。

2.正视现实，对症下药

不可否认的是，在众多自残或残害他人的案例中，不少当事人是抑郁症患者，他们长期郁郁寡欢，内心极度封闭，遇事喜欢钻牛角尖，偏偏旁人又不知他们真实的想法，无法在第一时间给他们有效的劝导，这才容易导致悲剧上演。在此，奉劝患有抑郁症的女性，一定要及时就医，科学治疗。

3.调整心态，积极交友

女人，生活不过是柴米油盐酱醋茶，无论你是贫穷还是富有，最终活的不过是一种心态，一种心情。只要你保持良好的心态，每天都有好心情，你的生活就会缤纷多彩。反之，如果你整天消极沮丧，那么即使你家财万贯，你的生活也会黯淡无光。所以，学会调整自己的心态吧，积极去交友，快乐去生活吧！遇事多从积极的角度思考，多看事物好的一面，你的世界就会风和日丽。

任何时候生命都是最宝贵的

生命是一个人最艳丽的花朵，但是却有人亲手掐断了自己的生命之花。

2021年2月24日，海南海口发生了一起悲剧：一女子跳江自杀，生死不明。目击者称，海口琼州大桥上有一女子突然翻过护栏，纵身跳入水中，不一会儿就不见了。随后警方和消防人员赶往现场搜救……

看到这样的悲剧，我们在感到惋惜的同时，又为女子的行为感到悲哀。因为不管出于什么原因自杀都是最愚蠢、最不应该的，父母生你养你不容易，如果你连自己的生命都不珍惜，又如何对得起爱你的家人呢？你一死了之是痛快了，但给家人带来的却是沉重的精神负担和无尽的痛苦。

浙江嘉兴某小区曾发生过这样一起跳楼事件：

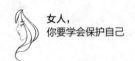

一位年轻妈妈带着两个孩子，站在26层楼高的楼顶欲跳楼自杀。当时孩子哭喊着要回家，而妈妈则把准备跳楼的场景拍下来发给了家属。家属报警后，民警和消防人员立即赶往救援。

民警到达后，发现年轻妈妈情绪十分激动，身旁的两个孩子则一直在哭泣，显得十分害怕。民警一边用面包吸引孩子，一边安抚欲轻生的妈妈。经过长时间的耐心劝导，女子的情绪终于放松下来，最后民警将三人成功解救。

事后了解到，这名年轻女子与丈夫一直感情不和，经常吵架，加上她整天在家带孩子，没有自己的社交圈，导致长期心情抑郁，所以才有了轻生的念头。至于为什么带着孩子轻生，是因为她担心自己走后，孩子不能得到很好的照顾，对孩子放心不下。

这个案例真让人感到后怕，值得庆幸的是最终化险为夷，才让一个家庭没有就此分崩离析。生活中，有些家庭可没有这么幸运——或因家庭矛盾，或因情感纠纷，或因夫妻三观不合，或因丈夫出轨，或因遭遇家暴，或因个人内心脆弱、情绪抑郁，最终造成女人轻生，甚至带着孩子自杀，导致整个家庭遭受毁灭性打击。

2017年6月24日，上海闵行区某小区发生了一起自杀事件。一名年轻妈妈因一时疏忽，不小心让孩子从床上摔了下来。虽然孩子并无大碍，但孩子的爸爸却指责她："你不上班，在家连孩子都带不好！"年轻妈妈听到这话，很伤心。随后，孩子的爸爸出门参加同学聚会，晚上回来后夫妻俩又发生了争吵。争吵期间，年轻妈妈做出了让人始料不及的事情，她抱着孩子爬上窗台，先是把孩子从五楼扔了下去，然后自己又纵身跳了下去，母子二人双双掉在楼下的草坪上。结果，女子身上多处骨折，孩子颅脑重伤。

自杀是极不理智的，带孩子自杀更是不可原谅的，甚至还是一种犯罪行为。因为，即使是妈妈，也无权剥夺孩子的生命权。也许有人会说，你没有经历过别人的生活，没有资格去谴责别人。但无论经历了什么，无论生活多苦、多累，多么看不到希望，都不是一个女人放弃生命的理由。就算有自杀的想法，也应该先努力找出解决问题的办法，打开心中的死结，重新燃起生命的火花，扬起生活的风帆。

在自杀案例中，最常见的原因无外乎对生活失去希望，或突然遭受毁灭性的打击，导致心中蒙上了巨大的阴影。比如：夫妻长期感情不和，争吵不断；突然被公司辞退，生活无着落；经营的公司破产，毕生心血付诸东流；债主上门逼债，无力偿还；情侣突然提出分手或得知丈夫出轨，无法接受现实……

然而，无论面临多大的失意，最终的结局都比死要好。夫妻感情不好，你可以选择离婚，重新寻找更适合自己的伴侣；下岗了没关系，还可以找份新工作，说不定工资待遇更好；公司破产也没什么大不了，因为你再也不用承受做老板的压力；欠债还不了，别人也不能伤害你，想办法延期再还；情侣提出分手或丈夫出轨，你还可以重回单身生活。总之，再大的人生失意，只要你乐观面对，总能找到活下去的动力。

人活在世上，谁都有过失意、绝望的时刻，熬过不愉快的时刻，事后回头看一看，你会发现其实没什么大不了的。有句话说得好："你连

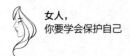

死都不怕，又何惧活着？"世界这么大，就没有让你留恋的地方吗？人生路漫漫，你一定要相信：黑夜再漫长，也会迎来黎明的曙光。所以，善待生命，善待自己吧，把生活过得开开心心，把痛苦忘得干干净净，才是最值得你去做的事情。

保护自己，有必要了解什么是正当防卫

在了解什么是正当防卫之前，我们先来看一个案例。

湖南省怀化市的李女士婚姻生活一直不幸福，因为丈夫疑心很重，她经常遭到对方的恐吓，甚至殴打。一天晚上，丈夫再一次向她施暴，还拿起桌上的西瓜刀，在她面前凶神恶煞般地比画。这一次，李女士没有忍气吞声，而是趁丈夫转身之际，抓起门后的一根木棍，猛地击打丈夫的后脑勺。看着被打倒在地的丈夫，在恐惧和愤怒的驱使下，李女士继续敲击丈夫的头部……

后来，李女士因故意伤害罪被当地人民法院判处有期徒刑7年，理由是她在将丈夫打倒在地后，继续实施了加害行为。

这个案例告诉我们：即使被人羞辱，即使自卫反击，也要讲究方式方法，否则可能会带来严重的法律后果。因此，女性在面对危险时一定

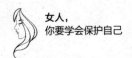
要保持理智，掌握好防卫的分寸，即学会正当防卫。

那么，怎样才能正确地反击，更好地保护自己呢？这就有必要了解什么是正当防卫。对此，《中华人民共和国刑法》第二十条对正当防卫做了明确的规定：为了使国家、公共利益、本人或者他人人身、财产和其他权利免受正在进行的不法侵害，而采取的制止不法侵害的行为，对不法侵害人造成损害的，属于正当防卫，不负刑事责任。

2018年9月某日傍晚，许某（男）醉酒后，在回家的途中遇见周某（女），见其身材窈窕，面容姣好，穿着打扮时尚，于是趁四周无人之际一把将周某抱住，强行拖入路边的树林，意图强奸周某。周某在反抗过程中，因勒住许某的脖子而致许某窒息死亡。案发后，周某主动投案自首。两个月后，当地检察机关做出判决：认定周某的行为系正当防卫，不用负任何刑事责任。

实施正当防卫是需要具备法定条件的，这一点在上面案例中得到了很好的体现：

第一，正当防卫要有正当的目的。

正当防卫必须是为了保卫国家、公共利益、本人或他人的人身、财产和其他合法权利。这是首要条件，案例中的周某正当防卫是为了保护自己的人身权不受侵犯，故为正当目的。如果出于保护非法利益的目的而实施防卫，则不属于正当防卫。如果故意引诱、激怒他人攻击自己，继而采取防卫措施，致人死亡，也不属于正当防卫。如果在赌博时发生冲突，为了保护赌资而防卫，致人死亡，也不属于正当防卫。

第二，必须是对不法侵害行为采取的防卫。

也就是说，对于合法行为不能采取防卫，比如，司法机关抓捕犯罪嫌疑人，执行搜查行为时，拒捕、拒查或其他反抗行为，都不属于正当防卫。案例中的周某是针对强奸行为进行的防卫，故为正当。

第三，防卫的对象必须是实施不法侵害行为的人。

正当防卫的对象必须是实施不法行为的人，不能是其亲属、朋友。案例中的周某防卫的对象为意图对自己实施强奸的犯罪嫌疑人，故为正当。

第四，防卫的时间必须是不法行为正在进行时。

正当防卫是有时间限制的，既不能在不法侵害行为还未开始时进行，也不能在不法侵害行为已经结束时进行。案例中的周某防卫的时间正是不法行为正在进行时，故为正当。如果强奸行为已经结束，犯罪嫌疑人被周围群众抓住，周某就不能以正当防卫名义对犯罪嫌疑人进行打击，而应报警，将犯罪嫌疑人交给公安机关处理。

第五，正当防卫要讲究尺度，不能过度。

《中华人民共和国刑法》第二十条第二款规定：正当防卫明显超过必要的限度造成重大损害的应负刑事责任。而一旦防卫过当，也就不能称其为正当防卫。当然，我们在判定防卫是否过当时，不能以结果来判定，而应以不法行为的暴力程度来判定，只要暴力手段对等的防卫，就可以被认定为正当防卫。

举个简单的例子，你走在路上，遇到歹徒持刀向你砍来，这时你慌忙逃跑，歹徒一路追击，你顺手拿起路边烧烤摊上的剪刀猛地刺向歹徒。在暴力对等的情况下，哪怕结果造成歹徒严重受伤甚至死亡，也可

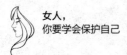
以认定为正当防卫。但如果歹徒只是踹你一脚，你却掏出匕首刺向对方，那就不叫正当防卫了。

最后，关于正当防卫法律上还有一个"无限防卫权"的说法。所谓"无限防卫权"，指的是面对正在进行的行凶、杀人、抢劫、强奸、绑架以及其他严重危及人身安全的暴力犯罪时，采取的防卫行为若造成不法侵害人伤亡的，不属于防卫过当，仍然属于正当防卫，不用负刑事责任。

第 2 章

保护自己，从良好生活习惯开始

我们每天的生活看似平静，实则可能暗流涌动，潜藏着各种危险。对女性来说，穿着暴露、夜晚独自回家、与陌生人同乘电梯、陌生人敲门……都可能带来危险，唯有具备良好的自我保护意识，养成良好的生活习惯，才能平平安安地生活。

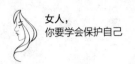
穿着大方得体，不要太暴露

爱美之心，人皆有之，尤其是女性朋友，到了炎炎夏季，都想穿得清凉一些，性感一点儿，充分彰显自己的身材，因此超短裙、吊带衫、低胸装、热裤、透视服等，纷纷闪亮登场。虽然穿着暴露出入公共场合，可能会引起别人异样的目光，但这穿衣搭配毕竟是女性的权利，旁人无权干涉。然而，当穿着性感暴露的女性遭遇性骚扰时，不知大家会作何感想？

案例一

一名男子酒后胃部不适，到单位附近的个体诊所就诊。当时诊所里只有一名女医生，她穿着一件很薄的裙子，男子见色起意，就跟对方聊了起来。聊着聊着，他趁女医生不注意，上前抱住对方，并捂住她的嘴巴，强行与之发生性行为……

案例二

南京某高校大四学生潘丽（化名）看到公告栏贴着一张房屋招租广告，正好她想租房，看到房子的位置和租金都很合适，就独自一人前去看房。敲开房门后，两名年轻男子一把将潘丽拉进屋内，反锁了门，然后抢走了潘丽的手机、现金，并对其实施了强奸。后来犯罪嫌疑人被抓，在审问的时候，他们说："是她自己穿得太暴露，我们控制不住才那样做的……"

看到这样的案例，有些人可能会议论："穿成这样受到侵害，是你活该。"但事实上，穿着暴露被侵害并不是女性的错，而是犯罪嫌疑人的错。正如我们不能因运钞车里的钱太诱人，就去劫持运钞车，也不能因珠宝店的珠宝太诱人，就去抢劫珠宝店。但是对女性来说，穿着得体对自己确实是一种保护，尤其是在公共场所，女性的穿着打扮不仅反映了自身的审美观念，还会向别人透露自己的个人信息，如职业身份、文化气质、教育背景等。如果女性穿得太暴露，太张扬，很容易被众人认为"该女子很轻浮"，甚至误认为她在对异性进行性暗示。

《三晋都市报》曾刊登过这样一则新闻：一男子入住酒店时，在走廊里看见一位穿着暴露的年轻女子，他误认为对方是性工作者，遂上前搭讪，后又窜到该女子房间，欲与其发生性关系。遭到拒绝后，男子对该女子进行殴打，并强行与之发生了性关系。

《生命时报》曾联合39健康网性爱频道围绕"女性着装"这一话题

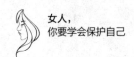

进行调查，受访者超过1000人。调查显示，大街、地铁、公交、商场等场所是穿着暴露的女性最常出入的地方。大多数受访者认为，透视装、低胸装、超短裙都属于比较暴露的着装；对于着装暴露者，大部分女性受访者表示"没感觉"，但绝大多数男性受访者表示"对这类女性没有好印象""很反感，感觉自己受到了骚扰，会影响自己的正常工作和生活"，甚至有男性表示，"你穿得暴露，让我看还是不看？多瞄两眼又被当成色狼"。可见，大多数男性对女性穿着暴露的行为并不赞赏。

一位婚恋专家、国家二级心理咨询师曾表示，夏季人体新陈代谢比较快，男性更易性冲动，攻击性也比冬季有所增加。如果女性在公共场合穿着暴露，就容易刺激男性的荷尔蒙分泌，从而诱发他们做出不当行为。所以，奉劝女性朋友，要懂得自尊自爱，在穿着方面不能太任性，以免给他人造成误会，更能避免给自己带来麻烦和伤害。

女性应该在保护自己的前提下，搭配自己喜欢的着装，这样才能兼顾美丽与安全。比如，穿吊带衫的时候，记得搭配一个披肩，盖住肩膀和胸部；穿低胸装的时候，系一条有质感的丝巾，对胸部进行适当的遮掩；注意内衣和衬衫、T恤的颜色搭配，切莫让内衣透出来；超短裙要少穿，裙子长一点儿丝毫不影响你的身材美感。掌握好穿衣搭配的分寸，保持大方得体、端庄又不失潮流的着装风格，会让你看起来更有气质，更容易赢得他人的好感。

万一遇到有人尾随怎么办

生活中，关于女性被人尾随跟踪，继而遭到伤害的事件时有发生，比如抢劫、强奸、绑架等，结局非常惨烈。即使有些女性侥幸脱险，事后想想也令人毛骨悚然。新闻中曾报道过这样一起案件：

一天凌晨两点左右，从事餐饮服务工作的鲁女士下班回家。快到小区门口时，她隐约感觉身后有个人。一开始她没有多想，可是当她走进所住的单元时，身后那人依然跟着，这时她心中有些不安：这个人我不认识，为什么一直跟着我？想到这里，她不由得加快了步伐，当到了自家楼层准备掏钥匙开门时，她下意识瞥了身后一眼，发现那个陌生男子离她不到2米远，似乎正在等她开门。

鲁女士既害怕又着急，于是急中生智，径直走到邻居家门口，用力地敲邻居家的门。就在这时，身后的男子蹿了上来，一只手捂住鲁女士的嘴巴，另一只手勒住她的脖子。鲁女士奋力挣扎和反抗，同时继续拍

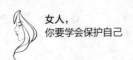
打邻居家的门。邻居被急促的拍门声惊动，赶忙打开门一探究竟。陌生男子见状，拔腿就跑。

虎口脱险的鲁女士躲进邻居家，第一时间拨打了报警电话。邻居得知事情原委，惊呼道："10分钟前，我在回家路上，好像也有人在我身后尾随。"

警方介入后，调取了鲁女士小区周边的监控录像，通过分析比对，最终确定了犯罪嫌疑人为尚某。最后，警方在一酒吧附近抓获了尚某。

案例中的鲁女士脱险的关键在于，她没有用钥匙打开自己的家门，而是敲打邻居家的门，引起邻居注意后，吓跑了犯罪嫌疑人。如果她用钥匙开了自己的家门，那么歹徒很可能尾随进入她家，进而控制她并实施犯罪行为。所以，当被人尾随至家门前的楼道时，切勿打开自己的家门，除非你确定家里有人。因为从众多尾随入室案件来看，开门的一瞬间歹徒很容易强行入室。可见，鲁女士是非常机智的。

那么对于女性来说，当独自在外被人尾随时，怎样应对才能最大限度地保护自己，降低被伤害的可能性呢？

1.保持镇定，确定是否真的被人尾随

当你意识到身后有人尾随时，首先要保持镇定，设法确定是否真的被人尾随了。切不可疑神疑鬼，自己吓自己。你可以通过走走停停、改变路线，然后观察身后之人的行动轨迹，判断是否真的被人尾随。如果你停下脚步，对方也停下来；你往前走，对方也往前走；你改变路线，对方也改变路线，始终跟在你身后不远处，那么你肯定被人尾随了。

2.假装不知情，有意识地往安全的地方走

当你确定自己被人尾随时，依然要保持镇定，可以假装没有发现被尾随，以迷惑身后的尾随者。同时，有意识地往安全的地方走。记住，切莫一味奔跑，以免打草惊蛇，导致对方采取下一步行动控制你。再者，除非你是跑步健将，否则你跑过尾随者的概率很小。

那么，哪些地方是安全的呢？当然是光线亮的地方，人多的地方，热闹的地方。因此，你应该往有路灯、人流较大、有超市、有店铺的地方走，而且要尽快进入人群中。比如，走进路边跳广场舞的队伍，走进超市里，这样尾随者一般不敢轻举妄动。即使尾随者对你采取控制行为，你也可以大声呼救，引起周围人的注意和施救。

3.放个烟幕弹，给尾随者制造假象

在你确定被人尾随后，有意识地走到安全的地方，需要一个过程，有时候甚至要走很长一段路才能到达。在这个过程中，你可以若无其事地拿出手机，假装给朋友打电话，并大声说："你到了吗？我怎么没看到你？""刚才看到你的车子开过去了，你转回来，我在你后面呢。"这样尾随者就会真的以为有人接你，从而有所顾忌，不敢对你轻举妄动。

4.跟路人搭讪，悄无声息发出求救信号

当你被人尾随时，如果身边有路人经过，你可以故意上前搭讪，假装问时间或问路，然后压低嗓音说明实情，请求帮忙。

5.机智乘车躲避，向司机说明事情原委

当你被人尾随时，如果面前有公交车、出租车，甚至私家车，你都可以招手拦下来，不管行车方向是否与你的目的地一致。如果尾随者也

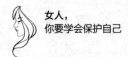
随同你上了车，你可以把实情告诉司机，向司机求助。

　　当然，对女性来说，最安全的做法是尽量不要一个人走夜路，更不要走光线昏暗、人流少的路线。即使不得不一个人走夜路，也要尽量选择走灯火通明、车水马龙的路线。

独自乘电梯时要注意哪些事项

　　随着现代楼层数的逐渐升高，电梯也越来越普及。对于住在高层建筑里的人来说，电梯成了他们必备的公共交通工具之一。乘坐电梯时，比遭遇电梯机械故障更可怕的是，遇到不法分子的侵害，比如抢劫、性侵犯等。因为电梯空间狭小，相对比较私密，很容易被选为作案地点。

　　2019年5月的一天凌晨，陈娟（化名）进入单元楼的电梯，一名男子紧随其后。当电梯运行到五六层楼时，男子还没有按下要去的电梯楼层，这让陈娟感到情况不妙。男子见陈娟有所察觉，才慌忙按下19楼的按键。

　　当电梯即将到达陈娟所在的楼层时，男子突然一只手搂住陈娟的腰，另一只手攥着一把匕首威胁陈娟。随后电梯门打开，男子将陈娟挟持到一楼与二楼的平台处，开始对她动手动脚，试图与她发生性行为。

　　就在此时，楼道里传来了响声，男子立马停止不法行为，陈娟趁机

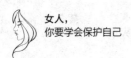
对他说："我进电梯之前跟爸妈通电话了，我这么长时间还没回家，他们会来找我的。"男子听后更加紧张，陈娟急中生智，把身上仅有的100元钱给了男子，男子拿着钱离开了……

看完这个案例，你是否感到害怕？生活中，类似的电梯侵害事件还有很多，希望广大女性在电梯里，要时刻注意自身的安全问题。不管是遭到劫财，还是遭遇劫色，都要保持冷静，理智应对，设法脱离危险，事后及时报警。千万不要和犯罪嫌疑人硬碰硬地对抗，以免遭到更大的伤害。

2020年5月27日凌晨3点多，福建泉州晋江市某小区电梯间发生一起命案。死者为来自江西抚州的张女士，她和丈夫刘先生经营一个大排档。当天凌晨，张女士在自己租住的小区给丈夫打电话，约好几分钟后一起吃夜宵，丈夫在自家大排档等妻子。

可是丈夫左等右等都不见妻子人影，发信息不回，打电话没人接。顿时，丈夫有一种不祥之感，于是跑到小区保安室，给保安讲述了原因，然后调取电梯监控视频。最终，看到妻子在电梯间被一个陌生男子劫持。

事后经警方调查判断，犯罪嫌疑人在5楼电梯口劫持了刘先生妻子，而且双方发生了打斗。最终，妻子被犯罪嫌疑人勒死……

这个案例告诉我们，面对劫财、劫色等不法侵害行为时，千万不要和犯罪嫌疑人正面对抗，因为你是女性，你的身体力量与犯罪嫌疑人存在很大的差距，一旦反抗无果，却激怒了犯罪嫌疑人，后果真的很可怕。

要知道，犯罪嫌疑人在实施不法行为时，内心其实也会紧张，当你拼死反抗时，他们内心的紧张情绪很快就会达到临界点，最终爆发，做出伤害行为。因此，面对不法侵害时，要牢记一句话：只要保住性命，其他一切都可以舍弃。

那么，女性独自乘电梯时怎样才能减少被侵害的可能呢？若不幸遭遇侵害，怎样做才能把伤害降至最低呢？以下几点需要牢记：

1.尽量结伴同乘电梯

当你在电梯门口等候电梯时，如果发现陌生男子也在等候，最谨慎的做法是等候下一趟电梯，避免独自和陌生男子同乘一趟电梯。当然，这样可能会耽误你的时间，为此你可以尽量与熟悉的人结伴乘坐电梯，如同事、闺蜜、邻居等。在这种情况下，即使电梯里有陌生男子，对方也会有所顾忌，而不会对你实施侵害行为。

2.尽量站在电梯按钮旁

如果你没办法避开和陌生人同乘一趟电梯，那么进入电梯后，你应该站在电梯按钮旁，这样做的好处是，可以随时看到从外面进来的人的外貌，遇到紧急情况时，还可以及时控制电梯按钮，或快速逃出电梯。比如，在电梯里被陌生男子纠缠时，你可以尽可能按下更多的按键，使得电梯多次停留、开门，从而让你有更多求救的机会，如此犯罪嫌疑人就很难对你实施不法侵害了。

3.别只顾着低头玩手机

有些女性与陌生男子同乘电梯时，只顾着低头玩手机，或戴着耳机

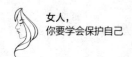
听歌，背对着陌生人站立，对身边或身后的人没有丝毫防备，这是非常危险的。正确的做法是，与陌生男子保持距离，面向他站立，并留心观察他的举动。这样至少比低头玩手机、听音乐更能震慑陌生男子。如果你察觉到陌生男子的异常行为，那么应快速按下最近的楼层出去。

4.用随身物品护住自己

对于身材傲人或炎炎夏日喜欢穿性感衣服的女性来说，与陌生男子同乘电梯，为避免对方对自己产生不良企图，可以有意识地用手中的包、书本或雨伞等物品遮住胸部。也可以将钥匙握在手中，将钥匙尖利的部分夹在两指之间，这样可以在危急时刻作为有效的防卫武器。

5.尽可能掌握侵害证据

若不慎与犯罪嫌疑人发生撕扯、扭打时，可以用你的指甲划伤对方的面部，或拽扯对方的头发，或抠戳对方的眼睛，或猛地踹对方的裆部，或尽力使对方的面部面向电梯中的摄像头，这样可以为今后快速抓捕犯罪嫌疑人提供有利线索。

6.边跑边大声呼喊救命

如果不幸在电梯里遇到侵害，可趁电梯开门之际奋力逃跑，边跑边大声呼喊救命。还可以直接拍击楼道里的房门，引起房主的注意，以便获得救援。

独自在家，不要随便给陌生人开门

设想这样一个情景：这天，老公去上班了，孩子去上学了，你一个人在家，收拾完厨房，打扫好客厅，正在整理房间衣物时，突然听到外面传来敲门声，你快步走到门边，警惕地问："请问是谁呀？"当听到门外答道"社区人口普查的""物业例行检查的""我是快递员，你有一个快递"时，你可能马上放松警惕，顺手把门打开。殊不知，这一开门可能会把危险带进来，甚至会引狼入室，给自己的生命和财产造成巨大损失。

2019年10月13日，青岛镇江路派出所接到一位女士报警，对方称自己在家被人抢劫强奸。接警后，民警迅速抵达现场。

经调查得知，报警女子柳女士今年30岁，当天上午她在家里睡觉，一名陌生男子敲门，称"我是来抄天然气表的"。柳女士没有警惕，把门打开了。

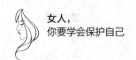

男子进屋后看了看天然气表，要求柳女士缴纳100元燃气保险费。就在柳女士从钱包拿钱时，男子突然将她控制，并用胶带将她捆绑起来，然后强奸了她。最后，男子抢走了柳女士6000元现金和两部苹果手机逃走了。

民警经多方侦查，于10月14日晚上8点抓获了犯罪嫌疑人徐某。经审讯得知，徐某是外卖员，他多次给柳女士送外卖，得知她独居，于是才精心策划了这次抢劫强奸案。

看完这个案例，相信你再也不敢随便给陌生人开门了吧。特别是当你独自在家时，就算敲门者说出了正当理由，而且脖子上挂着工作证，穿着打扮真的很像社区工作人员，你也有必要保持警惕之心，能不开门就别开门。

也许有人觉得这样做太小题大做了，但俗话说得好："害人之心不可有，防人之心不可无。"谁知道衣冠楚楚者带着怎样的企图敲你家的门呢？作为女性，当你独自在家时，宁可误解别人、拒绝给别人开门，也不能贸然让对方进屋，这是对自己最好的保护。

退一步说，就算对方并非图谋不轨的不法分子，但也有可能是伪劣商品推销者，或让你上当受骗、损失金钱，或让你的正常生活受到不必要的干扰。对此，你也有必要进行有效的防备。

那么，女性朋友怎样才能避免被不法分子盯上呢？当陌生人敲门时，独自在家的女性又该怎样安全而不失礼貌地应对呢？

1.门口鞋架上摆放男士鞋子

在众多入室抢劫强奸案件中，受害者多为独居女子。这是因为不法分子作案之前，会进行踩点、暗中观察，他们会根据住户门口的鞋子判断屋内人员的情况。如果住户门口只有女士鞋子，那么说明室内没有男士居住。在这种情况下，不法分子就可能更进一步地打探虚实了。比如，假装朋友串门，敲开门后趁机观察屋内人员情况，然后谎称"不好意思，我敲错门了，抱歉！"，当得知室内只有女子一人之后，可能就会入室作案了。所以，为了避免被不法分子盯上，独居女子或独自在家的女子可以在门口鞋架上摆放男士鞋子，以证明男人在家。

2.从门上的猫眼观察敲门者

对于独自在家的女性来说，听到敲门声后，最错误、最危险的做法是不问来者何人，就直接开门，或嘴里还在问"你是谁呀"，手却已经把门打开了。要知道，如果门外是不法分子，在你开门的瞬间，他们会迅速进屋将你控制住，根本不给你反应的时间。所以，下次听到有人敲门时，一定要留个心眼儿，先不要做出应答，而是从猫眼里观察室外，看对方见室内无人应答时作何反应。如果是熟人敲门，那大可不必紧张兮兮，但如果是陌生人，而且是多个陌生人，那千万不要开门。

3.有意制造老公在家的假象

当你从猫眼发现门外有陌生人敲门，且未做出应答，而此时对方却试图开你家的门锁时，那么你不妨有意制造老公在家的假象。你可以提高嗓门，假装和老公对话："老公，门外好像有动静，你过来看一下！"然后用力地踩踏地面，假装移步过来。你还可以故意搬动凳子，制造响动，给门外的不法分子以震慑。当然，如果对方还在开锁，那你可以把门反锁，同时选择报警。

4.请对方换个时间再来

只要有陌生人敲你的家门，就是不法分子试图入侵吗？当然不能这

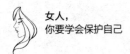

么说，但是当你独自在家时，多一点儿警惕还是有必要的。即使门外的陌生人说出了正当来由，如"我是物业工作人员，楼下说你家卫生间漏水了，我们来检查一下。""我是网络维护人员，上门对你家的网络进行更新。"遇到这些情况，你也可以礼貌地拒绝，请对方换个时间再来。

5.让对方把东西放在门口

现代社会，快递、外卖行业发达，确实方便了人们的生活。但是当外卖员给你送来外卖，或快递员给你送来快递时，你也不能丢掉防备心。毕竟，社会复杂，人心险恶，偏偏就有不法分子喜欢扮演外卖员、快递员入室作案。因此，当你独自在家时，遇到送外卖或送快递时，最保险的做法是让外卖员、快递员把东西放在门口，等确认对方离开后再开门取回东西。

陌生人给的饮料和食物要当心

出门在外时，你会因他人的热情而放松警惕吗？比如，你说口渴了、饿了，别人热情地给你买水、买食物，你会满怀感激地接受，然后毫不犹豫地把水喝掉，把食物吃掉吗？如果你是这样做的，那么不妨看看下面的案例，相信看完后你会有新的感触。

2017年2月23日，陕西蓝田县22岁女子小李去临县找朋友玩，下午5点半左右她叫了一辆顺风车返回本县。上车后不久，她感到有点儿口渴，就跟司机说想去买水。司机热情地表示愿意帮她买，不一会儿就拿着两瓶饮料回来，给她一瓶，自己一瓶。小李喝下饮料后，很快就失去了意识。

等小李醒来时，已经是第二天的中午，她身处一家宾馆的房间内，衣衫不整。至于自己怎么会在宾馆里，到底发生了什么事，她一点儿都回忆不起来。她只是感到头晕目眩，四肢无力，于是她打电话向朋友求助。

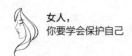

当天下午3点，朋友赶到小李所在的宾馆，看到小李的衣服有些凌乱。经过一番询问，才知道小李乘坐顺风车并喝了司机买的饮料，朋友怀疑小李喝的饮料被下了迷药，果断选择报警。警方赶到宾馆后，立即将小李送往医院检查，同时展开侦查……

看完这个案例，你还敢随便饮用别人给的饮料或买的食物吗？也许有人会说："陌生人给的饮料或食物当然不能喝、不能吃，可是熟人给的饮料、食物为什么不能随便喝、随便吃呢？"如果你也这么认为，那就太天真了。要知道，有时候熟人也是有危险的，哪怕对方和你有着多年感情，也可能某一天对你动了邪念。

2018年3月1日，深圳的孙女士和朱先生一起吃夜宵，其间她去了一趟洗手间，回来后继续饮用杯中的饮品。没过多久她就感到头晕目眩，于是果断报警。民警赶来后，将孙女士和朱先生带回派出所，并对孙女士进行尿样检测。结果显示，孙女士的尿液呈阳性，为吸毒症状。

经审讯，朱先生对自己向孙女士杯中"下毒"的犯罪事实供认不讳。据他交代，自己和孙女士存在多年感情纠纷，一直没有妥善处理。所以，借着吃宵夜的机会，偷偷在其酒杯中投入了半片摇头丸，目的是报复她。

朱先生的陈述是否让你感到不寒而栗呢？这就告诉我们：一个和你有着多年感情的人，也可能对你心怀鬼胎，这恰好应验了那句俗话——"知人知面不知心"。所以，女性朋友为了自己的安全着想，一定要对饮品、食物多留几个心眼儿。具体来说，要注意以下几点：

1.最好不要吃喝任何倒好的、开封的饮品或食品

作为女性，当你到陌生的场合或不熟的人家里做客时，如果别人给你倒一杯饮品，或递给你一瓶打开的饮料，那么你最好别喝。因为用广口玻璃杯装的饮品最容易被"动手脚"，且"动手脚"后不容易被发现。因此，千万不要因为不好意思而冒风险去喝，哪怕对方是熟人或女性，你也要注意防范，你可以委婉地说："谢谢，我暂时不口渴，先放一边吧。"

2.选择密封包装的饮品、食品，并尽可能亲自打开

出门在外，如果你口渴了或饿了，请优先选择密封包装的饮品、食品，并尽可能亲自打开。如果你拧不开瓶口，可以请身边的人帮忙，但要看着对方打开瓶盖。如果你在吧台买杯装的饮料，也要看着工作人员为你装杯，谨慎一些对自己没坏处。

3.对熟人或女性也不能掉以轻心

不少女性对陌生人有很强的防范心理，但对熟人却疏于防范，特别是当对方是女性时，她们更容易掉以轻心。她们想当然地认为，在饮品中下药的犯罪嫌疑人往往是男性，女性一般不会这么干。殊不知，许多犯罪嫌疑人正是利用人们对熟人或对熟人的朋友、朋友的朋友及女性疏于防备，才在饮品中下药，且屡屡得手。因此，当你和一群朋友及朋友的朋友出去时，一定要小心防范，不要随便接受他们给你的饮品，尤其是倒好的、开封的饮品。

4.外出聚会用餐时切莫做"低头族"

聚会吃饭的时候，有些女性喜欢低头玩手机，对身边的事情浑然不

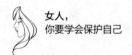
知，这是非常危险的。因为当你长时间低头玩手机时，别人可能趁机往你的杯子里、碗里下药。

网上曾曝出一段日料店的监控视频：

画面中用餐的两人像一对情侣，其间女子低头全神贯注地玩手机游戏，而男子趁机从口袋里拿出"听话水"，迅速放入女子的饮料中。随后，女子喝下被下药的饮料，然后失去了意识。男子将女子搀扶到事先预订好的酒店房间内，对其实施了奸淫。

后来警方将犯罪嫌疑人抓获，经调查得知：男子顾某与女子陈某只是普通朋友，顾某为了和陈某进一步发展关系，便从网上购买了"听话水"，并约陈某吃饭，精心策划了这起违法行为。

女性时刻要牢记一句话："小心驶得万年船。"出门在外时，一定要确保饮品、食物在自己的视线范围内。如果你去洗手间，也不要寄希望于朋友帮你看饮料、食物，因为朋友没有你想象的那么细心，他们也可能分心，会被转移注意力。因此，回来后最好不要再饮用杯中的饮料。

怎样安全地乘坐出租车、网约车

近年来，关于女性独自乘坐出租车失联或遇害的案件时有发生。对于这些不幸事件，人们内心是极其复杂的，既有对犯罪分子的愤恨，又有对遇害女性的同情，还有对案件发生原因的深思。

2019年3月17日14时，广州荔湾区一单位报警称，其单位员工谢某自3月15日失联。警方立即组织警力查找谢某下落，当天18时警方在辖区一河内发现谢某尸体，于是立即成立专案组展开案件侦查。经侦查，警方将犯罪嫌疑人锁定为广州某出租车公司驾驶员谷某，经过8个小时的追捕，终于将谷某抓获归案。

经审讯得知，3月15日凌晨1时，25岁的谢某走出酒吧，因交通工具太少，她选择乘坐出租车回家。途中，出租车司机谷某起了歹心，想要抢夺谢某的手机和手中的袋子，遭到谢某的奋力反抗。争抢中，出租车正好行驶至渡口的位置，于是司机将该谢某推入河中，拿着她的手机逃走。

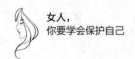

由于是凌晨，没人发现溺水的谢某，最终一朵绽放的鲜花就此凋零。

　　看完这个案例，你有什么感触呢？你是否很想假设一下，案件中的谢某在面对谷某抢夺手机、手袋时，如果不去反抗，而是选择示弱自保，结局会怎样？这就提醒广大女性朋友，当乘坐出租车、网约车遇到危险时，一定要优先保命，而不能盲目反抗。保住了性命，事后选择报警，也许还能找回失去的东西，但如果反抗激怒了犯罪嫌疑人，导致失去了生命，那就失去了一切。

　　除了遇到危险时不盲目抗争，女性乘坐出租车、网约车时还应掌握哪些自我保护技巧呢？以下几点建议值得借鉴：

　　1.尽量不要乘坐"黑车"

　　针对近年来时有发生的女性失联或遇害案件，有执法人员提醒广大女性：独自出门尽量乘坐正规营运的交通工具，不要乘坐黑车。所谓"黑车"，指的是没有道路运输经营许可证、工商营业执照和税务登记证，而非法从事道路客货经营性运输的车辆。而且"黑车"司机的身份、素质参差不齐，或许会发生故意刁难加价的行为，而一旦价格谈不拢，就容易引发报复行为。因此，乘坐这类车辆时，乘客的安全、合法权益没有保障。万一发生意外，有关赔偿事宜也难以兑现。因此，出门在外，不论多急、多省钱，尽量不要乘坐"黑车"。

　　2.拍下出租车信息并上传

　　女性独自乘坐出租车、网约车时，上车前一定要记清楚车牌号码，最好用手机把车牌号拍下来，然后发给朋友或家人。进入车内后，还要留意车内服务监督卡。因为卡上面有司机的照片、姓名、公司名称、车牌号和单位电话等信息，还有服务承诺，如不宰客、不拒载、不甩客和不违章驾驶等。最好将服务监督卡拍下来，发给朋友或家人。这样司机即使有不良企图，也会有所顾虑。

3.不露财、不炫富，保持警惕心

上车后，女性一定要保持警惕心，切莫露财、炫富或言辞过于刻薄，避免激起司机的歹念和报复心理。即使不慎与司机发生不愉快，也要学会克制情绪，避免矛盾激化。事后选择投诉处理，无疑更加安全和明智。

乘坐出租车、网约车时，请不要只顾着低头玩手机、听音乐，而要适时关注行车路线。如果去陌生的地方，不知道行车路线，可拿出手机导航。当发现路线异常，越走越偏僻时，要及时提出异议，要求司机改变路线或停车。另外，乘车时可打开车窗，万一遇到危险，可及时呼救。

4.乘车时与家人、朋友保持联系

女性独自乘坐出租车、网约车时，要保证手机信号正常，实时与家人、朋友保持联系，最好隔一会儿汇报一下自己的位置。还可以当着司机的面，给家人或朋友打电话，营造出等会儿有人来接你的假象。即使手机没电了，也可以假装给亲友打电话，这样可以给司机危机感，使其不敢对你有歹念。

5.巧用随身物品保护自己

女性独自乘坐出租车、网约车时，如果遇到危险一定要保持冷静，找准时机，巧用随身物品对抗犯罪嫌疑人，比如用钥匙、手机、发簪、手提包等，保护自己。另外，也可以借口肚子不舒服，骗司机停车，下

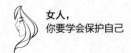

车时突然用随身物品反击，然后迅速逃离。比如，可用钥匙猛戳犯罪嫌疑人的面部，或从包里拿出化妆盒砸向犯罪嫌疑人的头部，然后趁对方防备不及迅速逃跑。当然，女性的手提包里也可携带防狼喷雾、防身电棒、防身手电、个人防狼报警器等防身武器，必要时它们可以助你逃离险境。

6.聊聊家常，激发人性之善

当你觉察到司机欲对你图谋不轨，比如，行驶路线越来越偏僻，言谈轻浮，甚至动手动脚时，你要保持冷静，试着提醒司机走错路线了，或跟司机聊聊家常，谈谈孩子、父母等，激发对方人性善良的一面，让他放弃歹行。

乘坐公共交通工具应当注意哪些事项

女性乘坐公共交通工具遭遇性骚扰，早已不是什么新鲜话题了。公共交通工具上人流拥挤，行车过程中晃晃悠悠，因此成为不法分子实施性骚扰的最佳场所。有记者曾随机采访近20名年龄在20～35岁的女性，其中有大学生、年轻白领，她们所有人都表示："亲身遇到或看见、听说过公共交通工具上的性骚扰。"但遗憾的是，她们对此大多选择躲避和沉默。

郑州市反扒民警曾在公交车上抓到一个特殊的"小偷"——男，40多岁，身高1.7米左右，上身穿蓝色工装，脚穿一双锃亮的黑皮鞋。他上车后马上就蹭到女乘客身边，先后对4位女性实施性骚扰，被反扒民警当场逮住。后来，该男子被民警带回派出所，并被处以治安拘留10天的处罚。

据其中一名受害女大学生说，当时车上人很多，过道也挤满了人，在乘车过程中，她突然感觉身后挤得厉害，起初并没有在意，只是本能

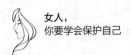

地向前挪了挪位置，可这名男子如影随形地贴在她的身后，她感到害怕，就急忙躲开了。

随后不经意间，她看到这名男子挤到了站在门口的两名女子身边，让她震惊的是，男子裤子的拉链居然是开着的，且他正试图贴近一名女青年的屁股，这让她感到又气又羞。

看到案例中男子的变态行为，你是否会大呼不可思议呢？其实，公共交通工具中还有很多颠覆你"三观"的性骚扰行为。如果你不想成为受害者，那么在乘坐公共交通工具时，就应该保持警惕之心，学会保护自己。

具体来说，乘坐公共交通工具时，女性朋友要特别注意以下几点：

1.穿着要得体，避免被盯上

乘坐公共交通工具时，那些穿着暴露、性感的女性，往往会成为不法分子性骚扰的首选目标。因为这类着装者给人的印象就是个性张扬、性感外露，这恰好是性骚扰者的最爱。

一辆公交车上，一名中年男子刘某上车后，先是扫视整节车厢，当他看到车上有一名身穿超短裙，十分性感的女性时，就慢慢地靠了过去，并在女青年背后伸出手，对着她的臀部轻轻地抚摸。见女青年没有察觉，他又将下体靠近女青年的臀部，伴随着车厢晃动，他不断地摩擦对方……

如果你不想成为性骚扰者伤害的目标，那么请以这个案例为戒，乘坐公共交通工具时，尽量不要穿太过暴露的衣服，如超短裙、低胸装、透视装等。

2.拉开空间，不给性骚扰者机会

乘坐公共交通工具时，有座位时最好选择后排或靠近窗子的座位，必要时选择始发站寻找座位坐下，因为坐在座位上的女性乘客被性骚扰的概率低很多。如果车上没有座位，只要空间允许，就要尽量与其他乘客，特别是男性乘客保持适当距离站立，或找一个角落站立。站立时偶尔左右扫视，提防不良企图者。如果背了背包，可以把背包背在胸前，这对自己也是一种保护。当车内拥挤，没办法和他人拉开空间站立时，女性乘客应该尽量往女人堆里站，借助女性群体保护自己。

3.不露声色地抗击性骚扰者

当你乘坐公共交通工具遇到有人骚扰时，可以先选择躲避，也可以故作不经意地踩对方鞋子，或考虑利用公交车、地铁刹车的惯性撞一下对方，同时正视对方的眼睛，以警示对方。如果你这样暗示骚扰者，对方还没有任何收敛，你就可以考虑挪到另一节车厢，或换乘一辆车。

4.大声喊出来，给对方以震慑

性骚扰现象在公共交通工具上时有发生，可不少民警表示，他们接到有关公共交通工具性骚扰案件的报警却很少，这主要是因为立案要有证据，但这类性骚扰形式隐蔽，受害者举证很难，于是大多数女性采取躲避或默默忍受的态度。可是这种胆小怕事、顾及面子的做法却容易助长流氓行为，让女性朋友深受其害。对此，建议女性朋友在暗示无果的情况下，大胆地喊出来，给性骚扰者最直接的警告。要知道，公交车上人很多，众目睽睽之下，骚扰者不敢对你怎么样。所以，千万不要胆小

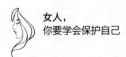
怕事。

　　如果对方恬不知耻地继续动手动脚，你也可以机智应对，比如，大喊"有小偷"。这时骚扰者肯定会反驳："我不是小偷。"你就可以说："不偷东西，你怎么一直往我身上贴？"这样可以让"色狼"无地自容。你还可以记住对方的特征，如容貌、个头等，或暗中用手机拍下对方的照片，设法留下证据，然后拨打报警电话。

不要独自去偏僻的地方夜跑

随着生活水平的不断提高，人们越来越重视锻炼身体。对于早上不愿意起来锻炼的人来说，夜跑成了他们锻炼的选择，因此越来越多的人开始加入到夜跑队伍当中，夜跑也成了一种既健康又时尚的运动方式。

然而，夜跑虽然时尚，可毕竟是在夜里活动，对于女性来说，如果夜跑地点人烟稀少，无疑会有诸多不安全因素。近年来，女性夜跑者被性侵或伤亡的案件时有发生，这就提醒广大女性夜跑者，锻炼的时候一定要注意安全。

2014年6月，宁波一名年轻女子夜跑时被歹徒拖进路边的草地强奸，并被拍下裸照。

2015年10月，陕西宝鸡一名女舞蹈老师独自夜跑时下落不明，后来警方调查得知女老师已遇害。

2017年12月，四川一名热爱跑步的单亲妈妈孤身在公园夜跑，被一

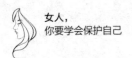
名嗜赌男子残忍杀害。

2018年5月，四川省峨眉山市52岁女性彭某夜跑途中失踪，公安机关经过侦查，锁定了犯罪嫌疑人，于6月22日将凶手陈某某抓获，此时彭某早已遇害。

……

通过对这些夜跑女性被强奸或遇害案件的分析，我们会发现两个最大的共同点：一是她们基本上都是独自夜跑，没有人陪伴，一旦被歹徒盯上，单身女性很难逃脱险境；二是她们选择夜跑的地点相对比较偏僻，夜跑路线上几乎没有几个人。因此，夜跑时若想要保证人身安全，女性朋友一定要注意以下几点：

1.千万不要单独夜跑

对于女性夜跑者来说，夜跑时千万不要单独出行，而应该结伴或参加夜跑组织，和大家一起夜跑。夜跑群体中最好有一些男士陪伴，这样歹徒一般不敢作案。即使没有男性同伴，三五名女性一起夜跑，歹徒也不敢轻易下手。因为人多势众，只要大家夜跑时保持好距离，不要拉开太大，彼此就可以很好地照应。

2.选择适当的夜跑路线

女性夜跑能否保证人身安全，有一个很关键的因素就是夜跑路线。在此，奉劝各位女性朋友，千万不要去人烟稀少的偏僻地段夜跑，或夜跑途中最好不要经过偏僻路段。具体来说，关于夜跑路线的选择可参考以下几点：

（1）选择离家近、人流多的夜跑路线。因为离家近的路线自己比较熟悉，路况大致也清楚，如是否有台阶、坑洼、障碍物等，这是对夜跑女性安全最大的保障。比如，围着小区周边的人行道跑几圈，最后回到家中，这就比较安全了。

（2）选择灯光明亮的道路和区域。对于女性夜跑者来说，外来的危险因素往往集中在光线昏暗的地方，所以尽量不要跑到昏暗的地方去。因为光线不好，不仅不容易发现路上的障碍物、下水道、台阶、坑洼等，还容易给不法分子可乘之机。

（3）在相对繁华的街道和区域夜跑。太繁华的街道人流太大，不利于保持平缓的节奏跑步，人流太少的街道又不太安全，因此女性朋友要选择相对繁华的街道或区域夜跑，这样既能保证人身安全，又能保持平稳的跑步节奏。

3.选择合适的夜跑装备

对于夜跑爱好者来说，可适当选择夜跑装备，如夜跑发光环、发光头带、反光腰包、反光运动衣、发光鞋等。总之，带反光材质的装备就可以，目的是让自己成为整条街"最靓的身影"，让别人能够在晚上注意到你，从而及时避让，减少交通风险。

4.夜跑时别戴耳机听歌

不少夜跑者觉得单纯跑步很无聊，喜欢在跑步时戴耳机听歌，这看似是很正常的习惯，却可能存在安全隐患。因为夜晚视线本来就不好，加上听歌时注意力被音乐吸引，对外界的声响感觉较差，听不见周围的动静，可能会让你遭到背后各种有意无意的伤害。曾有报道称，一名夜跑者跑步时听歌，没有听到身后的汽车鸣笛提醒而被车撞伤。所以，为了保证安全，夜跑时尽量别听歌。

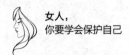
　　此外，还要提醒广大夜跑者，夜跑时不要倒着跑，不要跑着跑着突然停下来，不要闯红灯，不要逆行夜跑，不要边看手机边跑步，等等。总之，要养成良好的夜跑习惯，遵守交通规则，对自己的生命安全负责，也避免给他人造成安全隐患。

千万不要因为任何理由而尝试毒品

在经济飞速发展的当今社会，很多人觉得压力大，想在工作和生活之余寻求一点儿刺激，获得不同的人生体验。然而，有一类东西是万万不能碰的，那就是毒品。因为一旦沾染上这类东西，那你很可能永远都无法抽身。

2014年7月9日晚，一名妙龄女子在网吧洗手间吸毒后产生幻觉，竟然脱光衣服跑到街道上瞎逛，最后昏迷倒地，任凭市民怎么喊她都没有回应。民警接到报警后赶往现场，发现该女子是一位具有长期吸毒史的"瘾君子"。

当女子稍微有点儿意识后，民警将她带到派出所。次日，民警对女子进行了询问。女子承认头天晚上在网吧吸食了K粉，随后浑身燥热难耐，产生洗澡幻觉，所以就脱掉了衣服。

据了解，该女子父母双亡，小时候一直跟着舅舅和舅妈生活，但最近

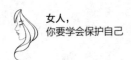

几年基本上和舅舅、舅妈断了联系。让民警感到不解的是，该女子没有上班，没有经济来源，怎么有钱吸食毒品呢？对此她始终闭口不提……

吸毒的危害仅从该案例就可见一斑，它会严重损害人的生理机能，对人体组织、器官有很大的伤害。特别是对女性来说，吸毒还会严重影响生育功能，即便戒除了毒瘾，长期吸毒所造成的后遗症也是难以消除的。更可怕的是，女性一旦吸食毒品，很容易卷入关联性的违法犯罪活动中去。比如，以贩养吸，即通过贩卖毒品来赚钱吸毒；以淫养吸，通过卖淫来赚取吸毒的费用。

女性吸毒后因各种原因导致两性生活混乱，且往往采取的是无保护、高危险的性行为方式，由此导致艾滋病、其他性病肆意传播与蔓延。另外，一些合成的毒品化学副作用太强，初期对人体可以产生不同程度的性刺激与性功能增强作用，但成瘾之后会严重损害吸食者的性生理机能和性功能，会给人带来性欲降低乃至性欲丧失等恶果。所以，女性千万不要尝试毒品，毒品的严重危害让人伤不起。

女性朋友，千万不要相信任何关于吸毒有好处的鬼话，不要好奇，不要侥幸。要知道，别人免费给你提供毒品，往往带有不可告人的目的，而你一旦吸食，就会被对方牵着鼻子走。最后，你会葬送自己的美好人生。所以，一定要远离狐朋狗友，这是防止被带上吸毒歧途的关键。

第 3 章

不要太单纯，社会比想象中更复杂

最近某社交APP上有首歌很流行，它是这样唱的："社会很单纯，复杂的是人……"这句现实的歌词告诉人们在社会生活和人际交往中不能太单纯，尤其是女性朋友，不能天真地以为人心都是向善的，于是单纯地轻易相信陌生人，因为社会比你想象的复杂得多。唯有小心防范，才能最大限度避免上当受骗。

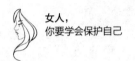
守住底线，不被金钱所迷惑

现代社会，物欲横流，人容易变得现实，人心也容易变得浮躁。悄然间，追求名利、追求暴富、追求享乐成了一种社会风气。在这种风气下，评价一个人的标准也逐渐量化为可视性的物质——收入、存款、车、房，这使得人们更容易与他人比较。对女人来说，当看见自己拥有的物质条件不如他人时，就免不了产生心理落差，此时若有机会获得更好的物质条件，有些女人可能就会放弃内心本该坚守的底线，做出愚蠢的选择。

有一对情侣在大学校园相恋三年，毕业后两人一起在北京工作，起初他们都是奔着结婚、买房这些目标携手努力的。可是现实太残酷，他们蜗居在空间狭小的出租屋内，每月收入扣除房屋租金、伙食费用、交通费用等，能够攒下来的钱十分有限。与此同时，看着大城市的洋房、豪车，还有商场里的名牌服装和高档化妆品，女孩心中满是期待和向往。

工作两年后，女孩因业务需要认识了公司的一名大客户，这个男人离异单身，长相一般，年龄也比她大了近20岁。他穿名牌，戴名表，开豪车，出手大方，多次邀请她去高档餐厅用餐，给她送价值不菲的礼物，还对她嘘寒问暖，呵护有加。

一开始，女孩还懂得婉言拒绝，可耐不住客户盛情。渐渐地，女孩在客户甜言蜜语的追捧和无微不至的关照下迷失了自我。这天，客户再次约女孩用餐，中途对服务员做了一个手势，顿时酒店全场灯光亮起，舒缓的音乐响起，马上营造出浪漫的气氛，这时客户向女孩大胆示爱："做我女朋友吧，我愿意永远呵护你。"

在客户浓浓情话的感染下，想想这些年和男朋友过着清贫的日子，女孩内心仿佛有一个声音在告诉她："不要错过这个机会！"于是，她默默地点了点头，答应了客户的追求。

看完这个案例，不由得让人想起曾经热播的电视剧《蜗居》，剧中的海藻背弃相恋多年、努力打拼的男友，甘做事业有成的大叔宋思明的情人。这充分反映当今社会中的一些女性，在面对丰盈物质条件时践踏做人的底线，忘记做人的根本，忘记了纯真爱情的可贵。每每看到这种故事，都会让人百感交集，又深感无奈。

或许正是因为一些女性爱慕虚荣、贪图享乐，一些所谓的成功男性才会怀着不良企图，用金钱作为诱饵，通过满足女性的物欲来获得他们想要的美色。甚至有些男性原本穷困潦倒，但由于巧舌如簧，善于包装自己，从而欺骗一个又一个贪图物质享受的女孩上钩。当然，上钩的不

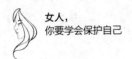

只是未婚少女，还有一些不想过平淡日子的已婚女性。

蓉蓉不愿意和丈夫过紧衣缩食的平淡日子，于是背弃丈夫和孩子，偷偷和所谓的"有钱人"老雷发展成为情人关系。可是她的优越生活没过上几天，老雷就开始隔三岔五地向她借钱，理由更是五花八门，要么说："这段时间我正在投资一个项目，资金不足，你借点儿钱给我，到时候我给你20%的利息。"要么说："工程款未结，你先给点儿钱我周转一下，过后连本带利还你。"这样的理由听起来还真是那么回事，蓉蓉都不好意思拒绝他。于是傻乎乎地把工作十多年的积蓄掏了出来。这些钱结婚这么多年她都没舍得动用，却在一个跟她相处仅3个多月男人的诱骗下倾囊而出。

实际上，老雷并不是什么有钱人，而是一个做啥赔啥，到处欠债，整天躲债度日的混子。终于有一天，蓉蓉得知了真相，心情顿时跌入谷底。这时她才想到前夫和孩子，可是回头已经晚了，她也无颜面对老公、孩子，还有父母和其他亲人。

现实生活中，为了金钱抛家弃子、与父母闹得不欢而散的女性并不是个例，可又有几个得到好的结局呢？女人追求高质量的物质生活没有错，但要用正确的方式方法去追求，要通过事业上的努力奋斗来争取，要付出应有的汗水，贡献自己的价值，而非用自己的青春和美貌换来物质享乐。

人生在世，不能活得没有尊严，不能活得没有人格，不能活得没有情感和良知，这就是人之所以为人的基本底线。作为女人，不能没有底线，也不能跨越底线，不能被金钱所迷惑，忘了比金钱更可贵的亲情和爱情。否则，就是对自己的侮辱，也是对生命的大不敬。所以，女人一定要端正心态，坚守底线，这既是有尊严地活着的基础，也是对自己最好的保护。

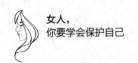
异性交往，要注意哪些分寸

某饭店包厢外面发生了这样一幕：

"他是我的男闺蜜，一起聊聊天怎么了？你一个大男人，别那么小气行不行？居然还跟踪我，夫妻之间能不能有一点儿信任感？"一个穿着时髦性感的女士有些气急败坏地说。

"你出门的时候明明跟我说是和闺蜜出来逛街，结果却是和一个男的吃饭，两人有说有笑，他还拿纸巾给你擦嘴，这是什么意思？你当我是傻子吗？"男人恶狠狠地质问道。

……

现实生活中，不少女性假借朋友、闺蜜、兄妹名义，却行暧昧之事，完全不顾异性交往的规矩，导致自己男人的自尊和情感受伤，最后伤了彼此的感情，痛失一段美好的姻缘。更有甚者，因为恋爱或婚姻感情问题引发血案，让人唏嘘不已。

当然，有些女性内心是十分单纯的，她们的出发点是纯粹交友，只不过由于不懂异性交往的分寸，才做出让人误解的行为，给了别人可乘之机。对于这类女性，真心希望她们牢记以下忠告，明确异性交往要注意哪些分寸：

1.身份方面的分寸——明确你是谁的谁

每个人无时无刻不处在各种关系中，有独特的身份或角色。对于女性来说，你在家里是妻子、是母亲、是儿媳妇，在公司是员工、是下属、是同事，在朋友面前你是友人。但无论何时何地，你都要明确自己是谁的谁。如果你恋爱了、结婚了，就应该忠于另一半，而忠于另一半的最基本的做法就是和一切模糊不清的关系说"再见"。

所谓模糊不清的关系，就是你在和某个异性相处时，是以何种关系定位对方，即你在心里把对方视为什么？是知己、普通朋友，还是追求者？同时，你要思考对方在心里怎么定位你？是知己、朋友，还是追求对象？如果你把对方当作普通朋友，对方却把你视为追求对象，用鲜花、美酒和各种礼物疯狂追求你，那你务必保持理智，明确态度，划清界限，学会拒绝，切莫在这种不对等的关系中越陷越深。当然，如果你对对方也有强烈的好感，那么请先处理好当前的恋爱或婚姻关系，然后再开启另一段恋爱或婚姻。

2.言语方面的分寸——甜言蜜语别乱说

除了自己丈夫或男朋友，女性应该拒绝其他异性的甜言蜜语和过分的玩笑，更不可以主动和异性说暧昧话语，乱开玩笑。虽然你可能觉得没什么，但俗话说"说者无心，听者有意"，如果碰巧对方暗恋你，想

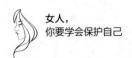
追求你，那你岂不是在给别人释放"来追我吧，我也喜欢你"这样的信号？退一步说，你男朋友或丈夫能接受你和异性搞暧昧吗？

有位男士离婚了，原因是他多次发现前妻和别的男人聊天的内容很暧昧。虽然前妻一直强调没有做过对不起他的事，但他还是接受不了。因为他的脑海里经常会浮现出前妻背叛的场面，他从内心看不起这种行为。

把握好言语方面的分寸，需要注意这样几点：

（1）注意称呼，不要称呼异性"亲爱的""宝贝""傻瓜"等只有恋人或夫妻才会称呼的昵称，而要称呼姓名。

（2）注意话题，切莫聊夫妻之事、男女之欢这类敏感话题，也不可打着擦边球讲荤笑话。如果异性这样做时，女性一定要提醒对方注意话题分寸，或不予回应。否则，有了一次就有两次，以后乱说话、乱开玩笑就会成为你们之间习惯性的交谈方式。

（3）尊重自己和对方的隐私，不要把个人隐私说给异性听，不要向异性倾诉夫妻之间的矛盾和婚姻生活中的不如意，也不要刻意去打探异性的隐私，比如对方的夫妻感情、过去的情感经历、家庭的琐事，等等。

3.联系方面的分寸——鬼鬼祟祟不可取

在正常的异性关系中，无论是彼此的电话、网络联系，还是面对面的接触交往，都是大大方方的、光明磊落的。而在不正常的异性关系中，当事者双方或一方往往表现得鬼鬼祟祟，有意躲着自己的男朋友或丈夫。如果哪一天你开始鬼鬼祟祟，浑身不自在地接听某个异性的电话、回复某个异性的信息，不敢让男朋友或丈夫知道时，那可能说明你和那个异性的关系有问题。

比如，当异性给你打电话、发信息时，你完全可以当着男朋友或丈夫的面接听电话、回复信息，很自然地谈论事情，而不是表情紧张，眼神躲闪，甚至偷偷摸摸地接电话、回信息，这显然是不正常的。再比如，正常的异性之间一般不会私下单独见面，包括吃饭、聊天、逛街、散步等。如果某个异性总是单独约你，那么你应该高度警觉。否则，继续发展下去，只会伤人伤己。

4.肢体方面的分寸——身体界限拿捏好

古人说："男女授受不亲。"异性交往时，如果肢体上的分寸没有把握好，很容易引人遐想。比如，说话时脸部靠得太近，交头接耳，眉目传情；或有意无意地帮忙夹菜、擦嘴、拨发、摸头，甚至不以为意地牵手、摸腰、搂肩、贴脸，都是非常不合适的肢体行为。对此，女性应该保持清醒的头脑，拿捏好与异性的身体界限。面对异性有失分寸的肢体接触，要懂得提醒和拒绝，唯有恪守礼节、严于律己，才能受人尊敬。

5.馈赠方面的分寸——送礼收礼有讲究

在与异性交往的过程中，彼此间礼尚往来是正常的，今天你请我喝咖啡，明天我请你吃顿饭，后天你请我去KTV，这些活动如果三五个朋友一起参与，那绝对无可厚非。但如果只是你们俩单独私下进行，那就难免引人非议了。

还有就是，有些礼物可以送，可以收，有些礼物不能随便乱送，更不可随便乱收。比如，男性朋友送女性内衣、丝袜、丝巾、围巾等贴身衣物，女性如果收下，对方会怎么想？自己男朋友或丈夫又会怎么想？反之亦然。

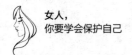

　　所以，异性交往一定要把握好馈赠方面的分寸，最好的异性朋友关系，应该彼此内心坦荡，不靠物质交换来维持友谊。即使有些馈赠，也应该注意价值和礼物的性质，切莫造成误会，给自己带来麻烦。

怎样识别社交软件上的骗局

随着信息时代、网络时代的到来，各类社交软件如雨后春笋般涌现，这极大地丰富了人们的娱乐生活，但也潜藏了许多网络骗局，严重侵犯了人们的生命财产安全。2018年11月29日，来自《全国打击治理电信网络新型违法犯罪工作电视电话会议》公布的一组数据显示：

自2015年11月开展电信网络专项整治行动以来，全国共破获31.5万起电信诈骗案件，摧毁1.6万个犯罪团伙，打掉1.7万个犯罪窝点，查处14.6万电信诈骗违法犯罪人员，缴获28.7万张涉案银行卡和32.2万张手机卡，缴获的赃款赃物折合成人民币共计47.4亿元。

尽管专项整治活动从未停止，但电信网络诈骗案件从未消失。更可怕的是，电信网络诈骗种类层出不穷，花样不断翻新，因此稍有不慎，就可能掉入犯罪分子设下的圈套，导致自己辛苦赚来的钱财受损。

盈盈在某异性交友软件上认识了李先生，双方互加微信聊了几次，

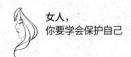
感觉彼此投缘，于是相处增多，关系越来越近。盈盈得知李先生在上班之余还喜欢投资理财，收益也很可观，就忍不住打听李先生的理财方式。没想到李先生遮遮掩掩地说："这发财的好机会，我轻易不告诉别人，就连我的小舅子我都没告诉。"在盈盈的一番软磨硬泡之后，李先生才向盈盈分享了一个名为"××金服"的投资平台。

起初盈盈较为谨慎，李先生看出了她的疑虑，善解人意地说："我可先给你提个醒啊，虽然这个投资平台利润可观，但毕竟有风险，我作为朋友好心劝你别玩这个，踏踏实实上你的班吧。"盈盈听了这番话，反而打消了疑虑："这样吧，你是投资老手，我先给你1000元，你帮我操作，赚了钱我们三七分，就算赔了我也不怪你。"

就这样，盈盈把钱交给了李先生，从1000元到3000元，再到5000元、10 000元。你还别说，前几次盈盈确实得到了不错的收益。盈盈见这种投资来钱这么快，于是一下拿出5万元，想着大赚一笔。可没想到，这次不但没赚到钱，就连5万元的本金也打了水漂，事后李先生发了条信息给她："我很爱你，但这次我赔钱了，我没脸见你，让我消失一段时间吧！"

盈盈看到这条短信，还傻乎乎地以为遇到了真爱，想着过段时间再和李先生联系，根本没有意识到自己被骗，直到有一天闺蜜得知此事，一语道破真相之后，她才猛然醒悟……

盈盈惨痛的被骗经历告诉广大女性朋友：千万不要对虚拟的网络世界心存天真的幻想，不要轻易相信各类社交软件上的陌生人。尤其是当社交软件上的陌生人具备以下几种特征时，那基本上可以断定对方是骗子，正在设套让你钻。

特征1：没聊几句就要求加微信

在某些社交软件上，如果你收到陌生人的信息，只是稍微跟对方聊了一两句，对方就让你加微信的情况下，你就要小心了。比如，对方可能对你说："这个号我不常用，你加我微信吧！"这句公式化的话被人们定义为网络骗子的专用开场白，收到这种信息后一定要保持警惕。你加了对方的微信之后，如果发现他的朋友圈里没有几条动态，或者朋友圈发布的是游戏、赌博、广告、理财等信息，那更能说明对方的交友目的不纯，这时你最好不要和对方聊下去。

特征2：对方是一个"有故事"的人

高级骗子聊天时总是套路满满，聊天会配合朋友圈的动态，里面发布的不是出国旅游，就是乡村支教，或是浪漫的小资情调图，而且总有讲不完的跌宕起伏的经历，就像小说和电视剧里演的一样，让你感觉他是一个有故事的人。比如：讲自己白手起家创业，然后觉得人生没有意义，某天突然放弃事业，去穷山沟里支教；爱上了一个村姑，对方心地善良，可家人觉得他们门不当、户不对，坚决反对，然后他和村姑私奔，最后村姑不想耽误自己，还是选择离去，从此他对爱情失去任何期待；曾经有一个相恋多年的女友，两人感情很好，但对方患了绝症……听到这样的故事，你肯定会觉得对方是个有情有义的人，然后放松了警惕，但你所不知道的是，这正是骗子们惯用的套路。所以，遇到这样"有故事"的人，你一定要擦亮眼睛，提高警惕。

特征3：过于主动、轻易示好

社交软件上，还有一类陌生人，经常主动找你聊天，约你见面。哪怕你聊天技术再差，照片再普通，对方也会对你赞不绝口，而且总是对

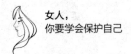

你嘘寒问暖，各种关心和示好，甚至想让你做他女朋友。遇到这种情况，你不要头脑一热，认为自己魅力无限，从而陷入温柔的陷阱。试着想一想在现实生活中自己是否具有这么大的魅力？否则，不要做白日梦，天上不会掉馅饼。

特征4：和你聊理财、聊赚钱

如果一个人在社交软件上和你聊天，聊着聊着，就开始打听你的职业、收入，然后向你推荐理财产品、赚钱渠道和投资项目，那你可别高兴太早。你不妨反问一下自己：如果对方有那么好的理财产品、赚钱渠道和投资项目，他会告诉你吗？你和他非亲非故，仅在社交软件上偶遇，他就舍得把这么好的赚钱方式分享给你？别太天真了，对方很可能正在给你下诱饵、设圈套，为的是把你口袋里的钱骗走。所以，遇到这样的情况一定要小心防范。

网上购物要当心

随着经济的不断发展和互联网时代的到来，如今人们足不出户就可以把想要的商品买回家。然而，网上购物虽然方便了大家，可也存在一定的风险，其中主要的风险就是，商家以次充好、以假乱真，导致我们上当受骗，白白损失钱财。

一天，思妍想网购一个U盘，于是在某购物网站上搜索了一下，发现一款2T容量的U盘，小提琴的造型，售价只要100多元，顿时她就有些心动。但理智告诉她：便宜没好货，肯定是骗人的，哪有这么好的事？但是，思妍看了商品评价后，发现好评如潮，于是火速下单。

商品发货很快，第三天就收到U盘了。思妍迫不及待地拆开包装，把U盘插到电脑上，一检查发现U盘容量只有25G，顿时失望至极。她赶紧联系卖家，把问题反映过去，卖家却说：这个U盘虽然只有25G，但只要购买他们的一款软件安装一下，就可以扩容到2T内存。

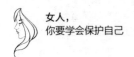

思妍不太懂这方面的知识，于是又花50元购买了一款软件，可结果扩容失败。当她再找卖家时，卖家却说可能是她的电脑有问题。就这样，问题没解决，钱却花了不少。当她想到退货退款时，却发现已经过了7天无理由退款期限，最后她只好自认倒霉。

网上购物除了要防止买到劣质商品，大家还要着重防范网络购物衍生出来的各类骗局。其中一种骗局是这样的：你在网上参与抽奖或在某手机应用平台上参与抽奖，奖品为一只手表、一个精美手环、一个时尚的手机壳，只需支付20元邮费就可以得到奖品，而且邮费是收货时支付。看到这样的好事，你有没有心动呢？

事实上，奖品的价值远远抵不上邮费，而且"货到付款"藏着猫腻，很多人都不知道。首先，货到付款给人比较安全的感觉，却不知一旦你验货签收、付了邮费，一般是退不了货的。因为就算产品有问题，商家也可以狡辩"是你弄坏了商品"拒绝退货，而且只要商家不给你退货地址，或你退货后不给你退款，你也无法实现退货、退款的目的。

再者，有些商品你验货时只能看看外观，商品的功能、内部元件是否损坏，你无从查验。因为快递员不可能给你时间去慢慢检验，你也不好意思耽误快递员的时间，是不是这样呢？这就给了网络购物平台欺骗消费者的机会。

据统计，这类"0元购"骗局已经让数以百万计的人上当受骗。由于购物平台是商家自建的虚拟购物网站，经常打一枪换一地方，网站的域名不断地变化，警察很难追踪和抓获幕后主犯。而且由于消费者被骗的金额不多，大家一般也不会选择报警，只能吃哑巴亏。所以，这里提醒广大消费者，特别是热爱网络购物的女性朋友，在网购的时候一定要当心：

1.尽量在正规的网站购物

网络购物平台有担保交易，也有直接交易。前者是在第三方网络平台上进行交易，买家收货之前，购物款是由第三方保管的，不会直接给到商家。这就很好地保护了买家的权益。后者是商家在网上建立购物网站，然后买家来购买，所付的购物款直接给到卖家。许多骗子正是盯上了这一点，大肆进行网购诈骗。相比之下，前一种购物网站更安全，更有保障，售后服务更好。因此，大家购物时要优先选择大型的、正规的第三方网络平台进行交易。为了避免购买的商品不合心意，退款时免受损失，最好选择赠送运费险的商家购物。这样基本上就没有后顾之忧。

2.警惕网络购物诈骗

网络诈骗手段多种多样，令人防不胜防，作为消费者，我们能做的只有小心、小心、再小心。比如，退款诈骗，不法分子冒充网购平台客服，拨打你的电话，谎称你拍下的商品缺货，需要退款，要求你提供银行卡号、密码等，这种情况下你一定不要相信。因为如果你下单的商品缺货，商家会在网站客服窗口提醒你，就算退款，也会直接退还到你的账户上，根本不需要退还到你的银行卡里。还有购物退税诈骗，这种骗局对于购买几百元、上千元商品的人来说，根本就不值一提，所以切莫贪小便宜，轻易相信骗子。

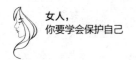

接到"熟人"借钱的信息，一定要核实

俗话说："救急不救穷。"面对熟人的紧急求助，很多人都愿意伸出援手，解其燃眉之急。可是救人也要分情况，如果熟人当面向你求助，那帮一把也没什么问题，但如果对方是发求助短信，比如："手机欠费了，给我充100元话费，明天还你。""出门钱包丢了，没钱坐车回去，微信给我转200块钱路费。"你该不该帮呢？

2020年1月23日下午，市民刘先生报警称，当天上午10点，他收到同学苑某某的QQ消息，对方声称自己的姐姐生病住院需要动手术，可是出门走得急，钱没带够，向他借2000元，回去就还给他。仗义的刘先生爽快地答应了，不一会儿他就收到苑某某发来的收款码，于是扫码转账。此事过去一周后，也没见苑某某还钱，刘先生打电话向苑某某询问此事，对方吃惊地说："哪有这回事啊？你被骗了吧……"

别以为以"熟人"借钱为名的诈骗只是发手机信息、QQ信息，如今的骗子也懂得与时俱进，喜欢通过盗取他人QQ号、微信号，向该账号的好友发布虚假借钱信息，然后达到诈骗钱财的目的。如果你收到此类信息不经核实就相信了，那么就很容易上当受骗。

一天，安徽省天长市的张小姐微信收到一条信息，是一位"朋友"发来的。简单聊了几句后，"朋友"对她说："我托人在外面办点儿事，急用钱，你帮我转点儿过去好吗？回头我就给你。"张小姐心想，这位朋友平时为人不错，从来没开口借过钱，这次请她帮忙，肯定是遇到难处了，这肯定要帮忙，就一口答应下来。随后她按照"朋友"的意思向一个账号转了1万元。

不料，1万元转出后这个"朋友"继续向她借钱，张小姐这才猛然意识到自己上当了，赶紧打电话向朋友询问情况。朋友说他根本没有向张小姐借过钱，而是自己的微信账号被盗了，后悔不已的张小姐赶紧报警。

案例中的张小姐因为没有打电话向朋友核实，才导致上当受骗。民警在办理类似案件时提醒广大市民，无论多熟的人网上找你借钱，你都不能轻易相信，而要通过电话或当面核实确认。就算是与你长期合作的VIP客户临时变更汇款账户，也必须与客户当面确认。未经确认，绝不能把钱转给别人。

那么，为防止因熟人借钱信息而上当受骗，导致财产受损，我们应该怎样做呢？

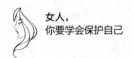

1.不要随便借钱给别人

《哈姆雷特》中有一段经典台词："不要向别人借钱，向别人借钱会使你丢掉节俭的习惯；更不要借钱给别人，你不仅会失去本金，还会失去朋友。"莎士比亚早就悟出这个道理，可现实中很多人却懵懵懂懂，本着重情重义的态度，对朋友借钱的请求来者不拒或不好意思拒绝。结果，钱借出去了，友情的小船却翻了，或者钱借出去了，却被犯罪分子骗走了。如果我们能够坚持"不随便借钱给别人"这条原则，那么即使骗子的招术再高明，我们也能有效地防范。

2.千万别单纯相信语音

虽说建议大家不要随便借钱给别人，但凡事都没有那么绝对，有时候亲朋好友遇到急事，我们能帮一把，还是要帮忙。可是话又说回来，这种帮忙应该在现实生活中，而不是在虚拟的网络世界里。不能因为一条借钱信息，我们就解囊相助，必须核实这条借钱信息的真实性。

曾有新闻报道称，有市民微信上收到朋友发来的借钱信息。在要求确认身份时，朋友发来一段语音："是我，是我！"听到语音后，该市民信以为真，按要求将钱转给了朋友，结果上当受骗了。这到底是怎么回事呢？

原来，骗子通过技术手段，将朋友的口音截取或转录下来用于欺骗人们。这提醒我们，在核实借钱信息时，不要相信社交软件上的语音系统，一定要打电话确认或进行视频通话核实。此外，也不要在网上随便添加陌生人为好友，更不要在与陌生人聊天时透露个人信息，以防给犯罪分子留下可乘之机。

最好不要与陌生网友见面

当今社会，网络可以让远在天涯的人变得近在咫尺，可以让素未谋面的人变得亲密无间，可以让人结识不同地域、不同职业、不同阶层、不同年龄的人，可以极大地拓展人们的交往空间，丰富人们的人生阅历。正因为如此，网络对很多人来说充满了吸引力。特别是一些对生活现状不满足的女性，很容易抱着不切实际的想法，渴望通过网络找到自己的"白马王子""钻石王老五"或"蓝颜知己"，让自己的人生快速走向巅峰。

然而，想法很美好，现实却很残酷。你越是想结识贵人，想找到发财致富的路子或找个有钱人作为下半辈子的依靠，你就越容易被人牵着鼻子走。因为网络世界里总有一些动机不纯的人会悄悄窥探你的心思，通过投你所好，一步步让你入套。

河南省南阳市淅川县女孩小丽失业后，在网上认识了一个名叫李东

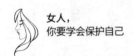
的网友，两人多次在网上聊天，李东说他姐姐在广州办厂，厂里有300多名工人，总资产超过2000万元。还说可以带小丽去姐姐厂里上班，做轻松的工作就可以挣高工资。小丽得知这些情况后，不由得喜出望外。

不久后，李东约小丽见面，小丽没多想就去了。这次见面两人只是简单吃了顿饭，然后逛逛街、聊聊天，小丽对李东感觉挺好。随着见面次数增多，小丽对李东逐渐放松了警惕。有一次，在李东的盛情邀约下，两人去KTV唱歌，李东趁小丽去洗手间时，往小丽的杯子里下了药，然后迷奸了小丽，随后李东又约来其两个朋友对小丽进行了轮奸……

网络世界鱼龙混杂，深不可测，千万不要产生不切实际的想法，否则最后吃亏上当了，可能连对方的真实姓名你都不知道，这不是很可笑吗？因为你所掌握的信息，可能是对方胡编乱造的，你对网友的印象完全是一种片面印象。对方说自己是博士，可实际上他也许连小学都没毕业，对方称自己是退伍军人，实际上他可能是个在逃犯。所以，陌生网友的话不能轻易相信。

当然，如果你只是在网上和陌生网友聊聊天、吹吹牛，权当消遣时间，那也没有什么。可一旦你走出家门，和陌生网友见面，事情就会变得复杂起来。下面这位女士就因为和陌生网友见面付出了惨痛的代价。

在外人眼里，胡女士有一个疼爱她、会赚钱的丈夫，她不用上班，只需在家带孩子，日子过得非常安逸。可由于丈夫是一名海上工作者，一年到头与她聚少离多，她觉得自己很孤单，就经常上网找网友聊天。

后来胡女士认识了一位男网友，对方谈吐幽默风趣，又能体察她的情绪，让她感到非常愉悦。随着聊天次数越来越多，男网友几乎成了她的精神寄托，一天不和男网友聊天她就觉得心里空荡荡的。久而久之，两人就发展成了知己，因此也不再满足于网络上的嘘寒问暖。最终，两人还是忍不住见面了，随后该发生的事情也都顺其自然地发生了。

有一次，两人亲热后胡女士去卫生间洗澡，男网友趁机看了她手机上的银行短信，发现她有一大笔存款。随后，男网友开始以各种理由向胡女士借钱，两人感情炽热，胡女士根本没有防备。可时间一长，胡女士感觉不对劲儿，反应过来后要求男网友还钱。这时男网友变脸了，威胁说要把他们的事情告诉胡女士的丈夫，让她身败名裂。无奈之下，胡女士只好选择报警，从此她的婚姻和家庭变得破碎不堪。

女人们，在这个世界上，真正对你好的男人只有两个：一个是你的父亲，一个是你的丈夫，除此之外的男人对你好，都是别有用心的，要么是想占有、玩弄你的身体，要么是想骗取你的钱财，要么是想利用你达到其他不可告人的目的。如果你放着好好的生活不珍惜，幻想网上结识蓝颜知己或白马王子，那无异于白日做梦。

那么，下一次当网友约你见面时，你应该怎么做呢？

1.问问自己，有见面的必要吗

当网友约你见面时，无论对方是男性还是女性（实际上提出见面邀约的，绝大多数为男性网友），你都不能掉以轻心。首先，问问自己，有和对方见面的必要吗？事实上，绝大多数网友见面是没有必要的，很多人想见网友不过是想满足一下内心的好奇，想看一看网络中的网友在现实中到底是怎样的，可就算看到了又能怎样？你会因为男性网友

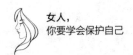

帅气，就和他成为恋人吗？如果你已有男朋友或已婚，难道你会移情别恋吗？相信大家都不会这么做，若真想这么做，试问你对他又了解多少呢？所以，还是放弃不切实际的幻想吧！

2.和网友见面时最好让朋友陪着

当你决定和男网友见面时，最好让朋友陪着，这是对自己最好的保护。独自和男网友约会虽然浪漫，但危险系数太高，一旦对方对你动机不纯，你就会陷入险地。若有朋友陪着，无论是女性朋友还是男性朋友，即使遇到了坏人，你们也可以从容应对。

3.选择有利的见面时间和地点

女人和网友晚上见面，且见面地点在宾馆、酒吧、KTV、公园这样的场所，是极不安全的。因为男性通常会认为，能够晚上约出来且在这些地方见面的女人，往往是生活作风随便或防范意识薄弱的。明智的做法是，见面时间和见面地点由你挑选，而最安全的时间自然是白天，最安全的地点自然是你熟悉的地点，比如你家附近的步行街，或热闹的商场、广场等。

4.见面感觉再好，也要适可而止

有些女性见到男网友后，对对方的形象、谈吐非常满意，忍不住在脑子里想象着牵手、热恋、步入婚姻的美好画面，久久不舍得分别，结果乐而忘返，夜幕降临，最后就可能乐极生悲。

28岁那年，玲玲和一个男网友见面，两人一边吃晚饭一边聊天，聊得特别开心。见状，男网友趁机劝玲玲喝了一杯红酒。玲玲晕乎乎的，忘了时间。等反应过来时，已经8点多了，这时她提出回家，可男网友却建议"刚吃完饭，一起去湖边散步吧"。玲玲觉得男网友人不错就顺从了，于是两人走在灯光昏暗的湖边，男网友主动牵了她的手，还和她拥抱，最后又在她耳边说了一番甜言蜜语，结果两人顺理成章地去宾馆开房。第二天早上，等玲玲醒来时，发现房间内只有她自己，而她新买的苹果手机不见了。

女人和男网友见面，再高兴也要适可而止，特别是第一次见面，一定不能高兴过头而卸下防备之心。切记两点：一是尽量不要喝酒，二是去洗手间后，最好不要再喝杯中的饮品或已经开启的饮料。

另外，如果见面后发现对方形象、谈吐等方面让你失望，那你一定要尽快找理由撤退。有一个很好的借口就是，见面前设定手机闹钟，估计时间为见面后的20分钟左右，闹铃响时你假装接电话，如果对对方不满意就说："不好意思，我有急事要处理，得先走了。"

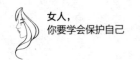

亲朋好友也要防，当心掉进传销、微商陷阱

常言道："防人之心不可无。"我们要防的不只是陌生人，还要防范亲朋好友。因为对很多人来说，骗陌生人比较困难，但骗身边的亲戚朋友却相对容易。尤其是如今的各类微商及代理性质的销售组织，他们每天在朋友圈里晒单、打广告、晒收入，告诉你一天能挣几千块，月入10万不是梦，半年就能买豪车，一年就能全款买洋房……种种言论诱惑之大，让多数容易感情用事的女性朋友难以抵挡。

严女士就是微商的一名受害者，她在朋友圈看到朋友艾娜每天发布洗衣液的广告，还晒每年的业绩和收入，今天收入800元，明天收入1000元，关键这还是兼职收入，看得她心里直痒痒。于是她带着好奇心和艾娜聊了起来，艾娜告诉她："你人缘好，只要你愿意做这个兼职，你每个月赚得肯定比我多。"

怎么做呢？很简单，艾娜告诉她："只需要花几千元进购一批货，然后卖给身边的亲戚朋友、同事、邻居。"禁不住诱惑的严女士拿了几千元的洗衣液，幻想每天坐收千元的美梦，可结果呢？她进的货根本卖不出去。

当严女士怀着无奈的心情向艾娜诉苦时，艾娜又教她："自己造假订单、假账单，营造出生意红火的样子，让别人到你手里来拿货，这样你就不用一个个辛苦地推销了。"这让她心中产生了一种强烈的感觉：这不就是骗人吗？这和传销有什么两样？

近年来，微信平台上兴起了推销热，各类兜售洗衣液、面膜、卫生巾以及各类保健品的广告漫天飞舞。有人打趣地说，如今的朋友圈只有三种人：朋友、微商、做微商的朋友。他们在朋友圈发布各种鸡汤文和貌似正能量的话语，比如：

"你连试都不试，怎么知道自己不行？"

"一款产品可以骗几个人，却骗不了一群人。因为我在用，所以我推荐；因为我认同，所以我分享。"

"女人，如果你靠父母，那你只是未成年的公主；如果你靠老公，那你最多是王妃；如果你靠自己，那你就是真正的女王。"

……

看到这样的话，你是否感到浑身充满能量，很想试一试？可一旦你动了心，那你就离上套不远了。因为你只是想通过卖商品赚钱，而别人却想通过你来为他赚钱。

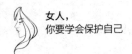
那么，对待亲朋好友发布的微商信息，女性朋友们应该怎么做呢？

微商到底是不是传销，对此有些女性朋友做过激烈的争论，双方各执一词，彼此不能认同。其实，到底是否为传销组织，我们可以参考几个标准来判断。

一是看其是否有商品实物。有实际的商品，是正规厂家生产的，有真实的功能和作用，那就不属于微商。但当前不少微商所售的商品为黑作坊生产的假冒伪劣商品，对此大家要擦亮眼睛。

二是看网络层级。传销组织的金字塔式的组织层级，靠的是发展下线来提升你的级别，如果直接或者间接发展的下线达到了三级，人数达到三十人以上，就涉嫌组织领导传销犯罪。

三是看获利的方法。当形成下线关系后，加入者最关心的是怎么赚钱。如果靠的是卖产品、卖服务赚钱，拿的是商品提成，那不是传销。但如果靠人头数作为返利依据，收入是从缴纳的会费中提取的，那就是传销的本质特征。

四是看是否带有欺骗性。很多传销组织通过散布虚假信息引诱他人加入，以达到发展下线的目的，对此我们应擦亮双眼。

综上所述，传销行为轻则违法，重则犯罪，想要辨别出来，只需把握以上四个特征。那么，微商到底是不是传销呢？其实这是个很难定义的问题，我们想说的是，不用纠结微商是否为传销组织，我们只是提醒大家：如果你相信微商可以赚大钱，并轻易入伙做微商，那你的资金就很容易被套，最后吃亏的是你自己。所以，不要轻易相信亲朋好友在朋友圈发布的微商信息及其他代理性质的加盟信息，以免掉入传销组织，让自己钱财受损。

第 4 章

女人在职场上如何保护自己

　　虽说职场不像江湖那般险恶，但也经常风云变幻，有时危机四伏。如果你太单纯，认为别人和你一样善良，就有可能吃亏上当。所以，身处职场，一定要注意搞好人际关系，提高警惕，有效地保护自己。

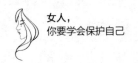
职场如战场，保护好自己才能快乐工作

有人说："身在职场，只要我有能力、有业绩，领导肯定会器重我、奖励我、提拔我。再不济，只要我遵守公司规章制度，做好本职工作也可以安安稳稳地干下去。"如果你也这么想，那就太天真了。

殊不知，职场是极其考验一个人处理人际关系能力的地方，圆滑的人善于"见人说人话，见鬼说鬼话"，把人际关系打理得"表面光"。老实人说话往往喜欢说真话、干实事、做好人，结果工作干得好，功劳却被别人抢去了。而且老实人不懂拒绝，给人一种"好欺负"的印象。特别是女性，还经常被视为弱势群体，更容易受到不公正的对待。

徐媛媛进公司没多久，就成了同事们口中的"老好人"。

每天早上，她会提前30分钟到公司打扫办公室；同事请假了，工作她来做；同事们需要打印、复印文件，她也会主动去帮忙；就连同事需要换班这种事，她也从不推辞。

有一次，同事林菲菲填错了一份重要报表，总经理非常生气，质问是谁干的，林菲菲一副可怜巴巴的眼神看着徐媛媛。结果，徐媛媛主动站了出来，说是自己填错的。

总经理怒斥了徐媛媛一顿，不过看在平时她工作认真的分上，只是让她写了份检讨，也就没再追究下去。

但是，到了年终绩效考核时，徐媛媛因"填错报表，导致公司受损"，而严重影响了绩效考核，她的年终奖也比正常情况下少了一半。这让她感到非常委屈，但又十分无奈……

身在职场，同事之间应该相互帮助、相互协作，但有些忙是不能帮的，就拿案例中的徐媛媛"替别人顶包"这件事来说，她就办得很不应该。与其说她是好心帮忙，倒不如说她是没脑子，分不清是非和问题的严重性。像她这样连自己的感受、自己的利益都不顾的人，简直就像患有"好人综合征"，总是牺牲自己，成就别人。

其实，职场中的"老好人"是不会得到大家的尊重和好感的，相反，还会让同事和领导瞧不起，甚至会觉得你是在刻意讨好别人，觉得你好欺负，等等。最终，你连自己应有的权益也会丧失。所以，女人千万要记住：保护好自己、做好自己的工作是第一要务，在此前提下才可考虑帮助他人。

那么，女人在职场上如何更好地保护自己呢？

1.巧妙拒绝，坚决不做老好人

当你感到帮助同事会让自己为难，会影响自己的工作时，那么你一定要懂得拒绝。在拒绝的时候，应当讲究技巧，借用电影《教父》中的

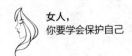

一句话："当你想要对别人说'NO'的时候，请把它说得像'YES'一样好听。"比如，可以找个这样的理由回绝对方："真抱歉，我没空帮你啦，因为刚才上司打电话来催我交个报表，我必须赶紧完成，否则我要挨批评了。"

2.把工作做好的同时，还要善于表达

在职场上，有些人明明做了很多工作，却由于不懂得表达、不善于表现，以至于公司领导不知道他们的功劳，甚至他们的功劳直接被那些善于表现的人抢走。最后，升职加薪的人不是他们，而是那些会表现、会邀功的人。因此，我们经常听到这样一句话："做得好不如说得好，做得多不如说得多。"虽说这句话听起来有些讽刺，可在职场里做到这一点真的很重要。当然，这并不是鼓励大家弄虚作假，而是说在做好工作的同时，还要善于表达、善于汇报、善于与领导沟通，让领导知道你的付出，明白你的价值，这样你所做的工作才更有意义。

3.同事相处以和为贵，别为小事生气

人们常说女性是感性的，容易为一些小事发脾气、闹情绪。在职场上也是这样，如果你经常为一点儿小事和同事闹别扭，搞得和同事关系很僵，那么今后你的工作开展就会困难重重。要知道，职场之中大家抬头不见低头见，今天你因为一件小事和别人闹僵了，明天你有可能有求于他，或者需要他的配合与支持，到时候你是不是很被动呢？所以，在职场上还是要以和为贵，不要为小事生气。

4.学会用法律武器保护自己的权益

在职场中，女性是特殊的群体，因为她们不仅是职员，还承担着孕育生命的伟大使命。而职场女性怀孕休假，会造成公司成本增加，这往

往是一个矛盾点，不少女性就在这里栽过跟头。

陈女士2018年3月进入公司，7月时她怀孕了，公司见状，一直催促她主动离职。陈女士起诉，要求公司继续履行合同，结果胜诉。12月3日，怀孕7个半月的陈女士重新回到工作岗位，却被公司无情地安排到工地上班。陈女士十分不满，再次拿起法律武器维权……

我国《劳动合同法》第42条第4款规定：出于对怀孕女职工的保护，在合同期未满的情况下，用人单位不能以女职工怀孕、产假和哺乳为由解除劳动合同。而且，在怀孕期间，即使合同期满，用人单位也不能解除劳动合同，必须延续到孕期、产期和哺乳期满后才能解除合同。

案例中的陈女士在这方面做得很好，她清楚自己作为怀孕女职工所享有的权益，懂得用法律武器保护自己，不给违法的公司可乘之机，而且勇于斗争到底。这种勇气值得每个女性朋友学习。在此也提醒广大女性朋友，在职场上要想保护好自己，一定要掌握法律知识，用好法律武器，坚定地捍卫自己的合法权益。

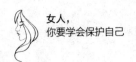
拒绝和上司或同事搞暧昧

　　现代职场压力大，加班加点是常有的事。于是，办公室成了很多人避不开的主要社交圈，男女同事一起共事，闲暇之余开几句玩笑，聊几句八卦，甚至互有好感，也属正常。从某种层面来说，"男女搭配"的工作方式不仅可以使人保持愉悦的心情，还可以提高工作效率，活络人脉。然而，职场是以工作为目的的场所，处好人际关系可以，但千万不要和上司或同事搞暧昧。

　　长相甜美的雯雯大学毕业后，进入一家实力不错的合资企业。或许是受现代职场剧的影响，她总想着通过捷径在职场上脱颖而出。于是，她开始动起了歪心思，想利用自己的年轻与美貌作为职场晋升的跳板，堂而皇之地和上司高经理玩暧昧。

　　比如，在向高经理汇报工作时，她会站得离他非常近，近得让他轻松闻到她身上的香水味；在茶水间"偶遇"高经理，她会对他莞尔一笑，还假装不经意碰到他；有时候还会关心一句："高经理，还在加班呢？别累坏了身子呀！我给你泡杯菊花茶吧！"

高经理是个有情有义的中年男人，见雯雯这么主动，这么关心自己，也懂得投桃报李。有一次，他问雯雯："昨天看你情绪不佳啊，怎么回事？"雯雯捋了一下刘海，笑着撒娇说："前几天加班太多，太疲惫了。"于是那天下午，高经理给她派了两个帮手，帮她把工作完成了。

有时候见高经理加班，雯雯也会主动磨蹭着不下班，等到同事们都离开了，她就开始跟上司套近乎，说点儿俏皮话，甚至主动邀请上司吃饭。果真，高经理很喜欢她，经常出差带着她，有培训的机会也优先考虑她，还申请给她提高工资待遇。

渐渐地，有人开始在背后议论雯雯是个"心机女"，有人还直接把矛头指向高经理，说他们关系不正常。这让高经理感到压力很大，公司高层领导甚至找高经理谈话。最后，高经理迫于无奈只好与雯雯划清界限，而雯雯也因失去高经理的庇护被大家轻视，最后只好无奈离职。

职场是工作的地方，职场人每天和同事相处的时间、和同事说的话，甚至比和爱人相处的时间、和爱人说的话还要多，但这并不是在职场搞暧昧的理由。一方面女性朋友不能主动与男性搞暧昧，因为这样会引起流言蜚语，损坏名声。另一方面，面对男性的暧昧，女性最好不要抱有不切实际的幻想，特别是对于已经成家的女性，更应该和男同事划清界限。有调查显示：职场中的男性员工调情搭讪很可能不是觉得你迷人，而只是他们无聊工作之余的消遣，纯粹是为了调节一下气氛。所

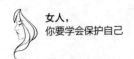
以，女性朋友不要因男同事几句赞美、几句关心和几次帮助，就认为自己有魅力，就认为对方想追求你，然后自作多情。

1.拿出坚定的态度

如果三五天你看不出别人是不是真的想和你搞暧昧，那三两个星期、三两个月你总该能觉察到别人是不是想和你搞暧昧了吧？此时，你应坚决表明你的态度，直接挑明"我只想和你做同事、做朋友，不想和你暧昧不清"。切勿心里不想和同事搞暧昧，嘴上却不明确表态，行为上还接受对方的暧昧，比如全盘接受对方给你买的零食、各种邀约，如吃饭、看电影、旅游等。那这样下去，你嘴上说不是跟对方搞暧昧，也没法让别人信服。

2.采取无视的做法

面对男同事的暧昧行为，你可以当作什么都没有发生，不作回应，不予理睬。如果男同事、男上司对你有真感情，那么你的无视对他来说无疑是个不小的打击。几次无视之后，对方自然就明白你的意思了。

3.透露你已恋爱的讯息

如果你担心直接拒绝同事的暧昧会影响同事关系，你还可以告诉或暗示对方你已经恋爱，而且男朋友对你很好。有机会的话，甚至可以把男朋友带出来和同事见面，当面和你男友秀恩爱，让对方明白你的恋爱状态。

4.提高你的职业化素养

作为职场女性，应该不断提高自己的职业化素养，不论在何种状况下都应该是以工作为重，千万不能因为虚无缥缈的"暧昧感情"而影响自己的工作，影响自己的职业前途。

职场应酬，尽量不喝酒或少喝酒

说到职场应酬，似乎永远也绕不开喝酒这样的事情。俗话说："握一千次手，不如喝一次酒。"喝酒几乎成了职场应酬的重要一环，甚至是洽谈生意的关键一环。然而，并不是每个人都善于喝酒，也不是每个人的身体状况都适合喝酒。尤其是女性朋友，面对职场应酬时，对喝酒这件事还是非常敏感的，或者说在喝酒这件事上是很纠结的。

你说不喝酒吧，领导都"下命令"了，你能不喝吗？你若不喝，可能会被扣上不服从安排、不重视工作之类的罪名，甚至之后得不到领导的重用。可是你若喝酒，身体可能扛不住，或可能酒后失态，言行不当，丑态百出，毁了自己的形象，也毁了公司的形象。

生活中，你可能遇到过这样的女性：她们在酒精的刺激下，不由得想起过往的烦心事，于是趁着酒劲开始哭哭啼啼，甚至号啕大哭，整个一副受尽委屈的样子；哭完了又开始哈哈大笑，以至于形象尽毁。还有一些女性，喝酒后堂而皇之地讲起荤段子，甚至跟身边的男性搂搂抱

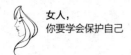

抱，让在场的公司领导、客户怎么看？这样是不是非常尴尬呢？当然，还可能影响生意谈判。

还有，对于不适合饮酒的人来说，饮酒可能会带来生命危险。英国著名医学杂志《柳叶刀》曾报道指出：中国是全球饮酒致死最多的国家，每年有70万人因饮酒导致死亡，其中5万是女性。

此外，特别要提醒广大女性的是："如果饭局上每个人都是正人君子还好，可一旦有人心存歪念，想打你的坏主意，频繁劝你喝酒，你喝醉后，会不会存在被侵害的危险呢？"所以，女性在职场应酬中要保护好自己，尽量不喝酒或少喝酒。

那么，在职场应酬中，女性怎样才能做到不喝酒或少喝酒，又不影响饭局氛围呢？

1.不喝酒的原则要坚持到底

很多女性上酒桌的时候口口声声说"我不喝酒"，但后来经不住别人的热情劝酒，半推半就地喝了，而一旦"不喝酒"的防线被攻破，就会有人劝你喝第二杯、第三杯……因为酒桌之上，一视同仁是基本的待客之道，既然你跟张经理喝酒了，总不能拒绝李经理敬酒吧？更严重的是，下一次再参加应酬时，如果你说"我不会喝酒"，那么就会没人再相信你，而且大家还会觉得你"装""摆谱"。

所以，如果你对酒精过敏，一口也喝不下去，那么你最好始终坚持"不喝酒"的原则。这样别人才会相信你真的不会喝酒、不能喝酒，你也就能够避免多次被人劝酒的麻烦。当然，如果你不想喝酒只是怕喝多、喝醉，给自己造成麻烦和安全隐患，那你也可以坚持"只喝一杯"的原则，但要记住，最好在公开场合永远只喝一杯。

2.拒酒的言辞要有说服力

酒桌之上，面对公司领导、客户、同事敬酒时，拒绝的言辞要有礼貌，要给敬酒之人台阶下，切莫反反复复一句干巴巴的"我不会喝酒，真的不会喝酒"。同时，拒绝的理由要有说服力，从而赢得敬酒之人的理解，让其打消劝你喝酒的念头。一般来说，比较有说服力，容易得到别人理解的拒酒理由有以下几种：

（1）坦诚告知别人："真的很抱歉，我这身体不能喝酒啊！"

有些人的体质对酒精过敏，只要沾酒，全身就会起红疹，严重的还会发烧，引发其他病症。因此，这类体质不适合喝酒。如果你的身体恰好属于这种情况，那么在职场应酬中，一定要坦诚告知别人，相信大家都会理解你。千万不要碍于面子或顾虑太多，不能喝酒偏要逞能，拿身体健康和生命安危开玩笑。

（2）拿出车钥匙："我要开车，酒驾伤不起啊！"

喝酒不开车，开车不喝酒，这是交通法规的明文规定。因此，如果你不想喝酒，那么职场应酬时最好开车去，然后以"不能酒驾"作为拒酒的理由。如果别人说："开车了没关系，叫个代驾就解决了。"这时你可以再找其他理由，比如有个女孩是这样说的："别提代驾了，我们全家都有洁癖，我爸上次喝醉后叫代驾，第二天居然花1000元对车内做了全套清洗，太麻烦了。"你看，这些都是很有说服力的理由，关键是你愿不愿意找。

（3）摸摸肚子："最近正在备孕呢！"

对于已婚女性来说，尤其是二十岁到四十岁这个年龄段的女性，以"备孕"的理由来拒酒是最好用的。因为备孕期间饮酒，可能会对下一

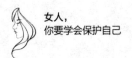

代造成不良影响。相信大家都明白这个常识，也就不会再劝你喝酒了。

（4）"我吃感冒药了，想喝也喝不了！"

相信大家都有一个常识，那就是吃过感冒药后饮酒会加重感冒症状，加重肝肾损伤，如果服用头孢类感冒药后饮酒，严重的情况下还可能危及生命。所以，如果你吃感冒药了，在酒桌上最好坦诚相告，这是对自己的生命负责。

3.细心周到地为大家服务

对于新时代的女性来说，参加职场应酬时你的优势绝对不是酒量，而是细心、周到。酒桌之上要学会察言观色，照顾好身边的人，特别是公司领导、客户等重要宾客。比如，在对方吃完一口菜，嘴角留下油渍时，礼貌地递去一张餐巾纸；在对方酒精上头、面红耳赤时，递去一瓶矿泉水；在服务员端上一碗汤时，主动热情地给身边的重要客人盛一碗汤。如果你能及时体察别人的需要，那么你的大方得体、细心周到就会给别人留下美好的印象，这很可能是喝十杯酒都不能换来的好感。

最好不要掺和同事的私事

女性朋友们，如果问你："过去一年中，你与谁相处最多？"你的答案可能不是父母，不是配偶子女，而是公司的某个同事——那个空间距离最近的同事，或那个与你性情相近、比较投缘、志同道合的同事。但无论同事关系有多好，也不要费心打听、掺和别人的私事。否则，你可能好心办坏事，最后成了搅局的人。

莉莉是公司综合管理部的元老级人物，她进公司最早，资历最老，且能说会道，在工作上没少给其他同事指导和帮助，可奇怪的是，她在公司的名声并不好。了解她的人都知道她有一个爱好，那就是喜欢掺和别人的私事，经常对别人的私事评头论足、指手画脚。

比如，有一次，莉莉听到同事珊珊在走道里打电话，情绪特别激动，还带着一股子哭腔，她马上关切地问道："珊珊，你这是怎么了？谁把你气成了这样？"珊珊见莉莉过来，马上挂断电话，顺手抹了一把

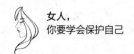
眼泪，说："没什么，家里出了一点儿小事情。"说着就准备往办公室走。可莉莉哪肯放过这个机会："小事会气成这样？怎么还哭了呢？来，跟大姐说说，大姐可是过来人啊！"

珊珊见莉莉这么关心她，没多想就把事情的原委说了出来。原来，珊珊的丈夫背着她炒股，目前亏损了30%，珊珊得知这个消息后质问丈夫，丈夫却轻描淡写地敷衍她，叫她不要管太多。结果，两人就在电话里吵了起来。

听完珊珊的诉说，莉莉开始出谋划策了："炒股就是赌博啊，赶紧叫你丈夫把股票卖了，兴许还能少赔点儿，要不然到时候赔光了，你可怎么办啊？"对炒股并不了解的珊珊听信了莉莉的建议，回家要求丈夫赶紧卖掉所有股票，为此还和丈夫大吵一架。丈夫拗不过她，只好卖出持有的股票。

一周后，珊珊来到公司，气呼呼地对莉莉说："都是你出的馊主意，早知道打死我也不听你的，以后没事别瞎出主意！"莉莉先是感到莫名其妙，随后才知道，原来莉莉丈夫的股票在一周内强势反弹，如果一周前不卖出，现在不但能回本，而且还能赚20%。

在职场中，当同事为私事而烦恼时，你最好不要去瞎掺和、瞎支着。俗话说："清官难断家务事。"我们又有何德何能把别人的家务事处理好呢？就像上面案例中的莉莉，如果没有她在一旁添油加醋和夸大其词，也许珊珊对丈夫炒股这件事不会那么担心，而选择相信丈夫的股票操作思路，最后很可能就避免了投资损失。

就算同事主动倾诉和求助，我们也只能耐心聆听，适当表达一下自己的意见，至于怎么做那是别人的事情。因为每个人的想法和处理问题的方式不一样，而且很多事情不是我们看到的、听到的那样，既然没有感同身受，就不要妄加评论和提意见。

那么，同事的哪几类私事最好别掺和呢？

1.婚恋感情

古人说："不做中人不做保，一生一世没烦恼。"当同事的婚恋感情出了问题时，你去掺和是最不讨好的事情。今天同事和男朋友闹分手，可能明天就和好了。不管你劝和劝分，都是你的不对，到时候真是"猪八戒照镜子——里外不是人"。所以，当同事因婚恋感情而烦恼时，千万不要掺和。

2.经济矛盾

对于已婚人士来说，夫妻之间出现经济矛盾是常有的事。当同事和爱人为经济矛盾而烦恼时，作为同事的你，最好不要掺和进去。否则，这件事会变得越来越麻烦。关于这一点，案例中莉莉和珊珊的事情就很能说明问题。

3.婆媳矛盾

自古以来，婆媳矛盾就是一个棘手的问题，几乎每个家庭都或多或少地存在这方面的问题。每个儿媳妇与婆婆的相处方式都是不同的，每个婆婆的性格特点也是不一样的。当你的同事因婆媳矛盾而烦恼时，你千万不要在一旁站着说话不腰疼，或添油加醋，说同事婆婆的不是。

4.育儿问题

在绝大部分家庭中，教育孩子始终是一个大问题。每个孩子都有自己的特点，每个家长对教育孩子都有自己的想法和方式。因此，你不能

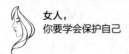
因为自己教育孩子颇有心得，就以自己的标准去衡量别人教育孩子的对错和成败。

除了不去掺和同事的私事，我们最好也不要向同事倾诉自己的私事。因为职场充满利益和竞争，你把别人当朋友，随便吐露自己的私事和心事，有可能被别人利用，最后影响自己的名声和前途。

小琪最近因失恋郁郁寡欢，同事小欣看出了她的低沉，约她吃饭逛街，像好友一样贴心地询问她的心事。小琪没多想，就把自己失恋的前因后果和盘托出。让小琪没想到的是，不久后公司的同事都在谈论她失恋这件事，而且背离了事实，甚至说她思想作风有问题。小琪感到委屈而愤怒，但也无从解释。

小琪的遭遇很好地警示大家：在工作场合，切莫过多谈论自己的私事，你是"说者无心"，但可能有人"听者有意"，然后作为茶余饭后的谈资，甚至恶意解读，大肆渲染，这对你的职业发展是非常不利的。

不要和同事之间"八卦"任何人

有人的地方就有江湖，有职场的地方就有"八卦"。茶水间、角落里，茶余饭后、工作间隙，无处不充斥着窃窃私语声。看他们聊得欢畅，谈得开心，那准是在闲聊八卦。毫不夸张地说，职场八卦每个人都经历过，有时候你是八卦的"从犯"或"主谋"，有时候你是被人"八卦"的受害者。不管你是哪种角色，你都身在其中，难以置身事外。

"真的吗？天哪，他竟然是这种人？"

"难怪她拿那么多工资，原来是……"

张琳刚到公司，就听到铁杆同事王茜和刘雨在"八卦"。怀着强烈的好奇心，她饶有兴致地问："你们说的是胡萍吧？"王茜神秘兮兮地瞅瞅四周，低声说："你也知道啊？听说胡萍因总经理性骚扰她，已经愤然离职，邓莉要被提为总经理秘书……"

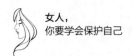
张琳吃惊地问："不会吧，我只是听说胡萍辞职了，但没想到是因为被性骚扰辞职的。你咋知道这么多内幕消息啊？"王茜得意扬扬地说："我有千里眼顺风耳啊！"然后扭扭身子回到了自己的办公位。

职场中，总有那么几个小道消息灵通、特别爱八卦的人。即使你"两耳不闻窗外事"，也难免被不绝于耳的八卦声打扰。有些八卦内容纯属玩笑逗乐，你参与进去聊一聊也无妨，还能活络人际关系，愉悦工作气氛。但有些八卦内容是病毒，你最好捂住鼻子和嘴巴绕道走，特别是关于上司、同事、薪水、升职等方面的八卦话题，是职场中最忌讳的话题。一旦你发表了观点，不知道哪天就会被误传，造成误会，给自己带来危机。

某公司有位女员工名叫张薇，她为人其实还不错，但有个特别不好的习惯——喜欢"八卦"，经常不分时间、地点地传播领导们之间的花边新闻。事实上，有些事情并不算"新闻"，但经过她一番绘声绘色的描述，听起来好像就变了味，变得极具讽刺意味。

有一次在食堂吃午饭，张薇又开始给几个女同事讲段子，她正谈论着某位领导，碰巧的是那位领导正好来食堂用餐，虽然他没听到张薇具体在说什么，但通过其他人的反应来判断，肯定是在讲他的私事。

自那天之后，那几个与张薇一起"八卦"的女员工，断断续续就被莫名其妙的理由辞退了。张薇由于特殊的背景关系，得以留在公司，但也被调离了原来的重要岗位，换到了一个无足轻重的位置上。

很多人明知道"八卦"公司领导是职场大忌，但依然管不住自己的嘴巴，忍不住去讲；管不住自己的耳朵，饶有兴致地去听；管不住自己的好奇心，就算别人不跟他们讲，他们也要努力去打听。

很多人认为："八卦"不就是聊聊天吗？又不是我说的，我也没外传，我就听听有错吗？当然有错，因为很多职场八卦纯粹是以讹传讹，甚至是颠倒黑白。只要你听了，它就有了传播的路径。而这种流言蜚语一旦传播开来，于人于己都有很大的危害性。这一点从张薇的例子中就可见一斑。

也许有人觉得，和同事"八卦"一下，这是在聊天、在沟通，这是言论自由。事实上，言论自由是要讲究公平、公正、公开的，试问哪个人敢站在大庭广众之下去"八卦"？哪个人又敢拍着胸脯说"我所说的都是真的，我敢对我所说的一切负责"？

那么，面对这种无法辨别真假的小道消息，应该怎样做呢？其实，你只需坚持三个原则：合上嘴、闭上眼、捂住耳。

1.合上嘴

职场中人多嘴杂，你随意说出的一句话也可能会被别人过度解读，然后传播出去，变成一种伤害别人、伤害你的武器——谣言。散播谣言的人沾沾自喜，谣言的受害者对你恨之入骨，不管谁是始作俑者，与此有关的人都会被列入"黑名单"。

常言说得好："谣言止于智者。"当你不小心听到同事的八卦，或你知道某些内幕消息时，请保证你的嘴巴不会流出只言片语。合上嘴不是一件简单的事情，这需要有相当强的定力，还需要控制好情绪，哪怕别人讲的事情与你有关，哪怕你很愤怒，你也要表现得无所谓。因为只

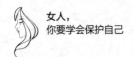
要你愤怒了，别人就会以此为蓝本进行第二次"造谣"。

合上嘴有可能让人看起来很另类，但不会让你失去朋友；相反，你会赢得别人的信任，因为别人会觉得你嘴巴严实，是个靠谱的人，领导也更愿意将一些重要的工作交给你去完成。

2.闭上眼

在复杂的职场丛林里，每个人都有自己的生存法则，不管别人是靠家庭背景，还是靠裙带关系，甚至靠一些"不正当"的手段上位，这些都与你无关，你只需做好自己的工作。所以，眼睛不要总盯着那些见不得光的"阴暗面"，不要总看着公司里的"不公平"。当你闭上眼睛，把精力放在自己该做的事情上时，你才可能获得领导的认可，获得更好的发展机会。

3.捂住耳

职场中，总有一些人喜欢各种"探秘"，时不时在别人办公室转悠，打听别人的隐私，或者看到别人在窃窃私语，忍不住侧耳倾听。殊不知，听八卦就是被卷入"八卦"的前兆，一旦公司下决心整风肃纪，作为旁听者的你也会受到牵连。

所以，捂住耳朵也很重要，它比合上嘴难得多。因为只有当你先分辨出谁是"八卦"者，你才能安全地躲开。至于怎么躲开，小妙招有很多，你可以说："不好意思，我要去洗手间！"你也可以在别人跟你"八卦"的时候，一直保持沉默，不作任何回应和反应。这样别人也没有兴致说下去了。如果沉默也挡不住别人和你分享八卦内容，那你可以直接拒绝："我对这类消息真的不感兴趣，麻烦你别说了。"

当然，除了那些敏感的、忌讳的职场"八卦"之外，有些"八卦"

是安全稳妥的，比如，明星逸事、公司附近的趣闻、楼下新增的早餐店等，这类话题不仅不会引起同事的不满，还能让你在聊天中交换信息和想法，拉近同事关系。

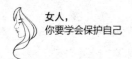
怎样巧妙避开职场潜规则

身在职场，不少女性都有这样的烦忧：面对男性领导时，既想与之保持亲近的人际关系，以利于得到领导的赏识和提拔，但又害怕被领导当成潜规则的猎物，导致自己失身和名声受损，甚至影响自己正常的婚恋情感。面对这种矛盾心理，有些女性在自己能力尚可，又急于获得晋升的时候，一旦思想出现滑坡，就可能做出不理智的选择。

阿翡大学毕业后，进入一家外资公司，由于长相甜美、身材傲人，工作能力也挺强，所以深受部门领导赏识。平时领导对阿翡挺关照，但是却爱占她便宜，比如经常有意无意地摸一下、蹭一下她的身体。阿翡性格大大咧咧，加上对方是她的直接领导，她也就没往心里去。

但有些事情还是躲不开。工作期满一年后，公司计划从新人中提拔一位担任子公司的项目经理，这意味着升职和加薪，年终奖还能翻倍。可是这个名额需要部门领导推荐，阿翡有些为难，不知道该如何向部门领导开口。这时部门领导终于摊牌了。

这天下班时，部门领导把阿翡留下来谈心。先说了她工作中存在的不足，然后话锋一转，说这次晋升机会十分难得，而他有很大的决定权，如果阿翡想要获得这个机会，就要看她的"表现"。阿翡很聪明，当然明白领导的意思，就说："给我一点儿时间考虑！"最终，考虑了一晚上，阿翡还是答应了领导的不正当要求。

当时阿翡已经有了男朋友，两人感情挺好，恋爱时间长达3年，本来准备年底结婚的，但为了晋升和加薪，她还是选择铤而走险。虽然后来阿翡如愿以偿，获得了升职和加薪，可上司却隔三岔五就要求跟她开房。最终，男朋友发现了她的不轨行为，愤而与她分手。

职场就是一个小社会，女性朋友稍有不慎掉入潜规则的陷阱，就可能妻离子散，家破人亡。因此，提醒广大女性朋友，千万别碰职场潜规则。如果你不幸遇到了，也要摆明姿态、果断拒绝。更重要的是，在日常工作中，要提高警惕，预防可能被人潜规则的不良苗头。具体来说，可以参考以下几点：

1.正确认识职场潜规则

有些女性对职场潜规则缺乏正确的认识，认为职场潜规则是升职加薪或者获得订单的必备手段，甚至认为靠自己的姿色达到事业目的不丢人，把道德、自尊完全抛之脑后。正因为这种错误观念的存在，才给了那些大权在握、心怀鬼胎的男性领导、客户以可乘之机。但事实上，姿色只能锦上添花，能力才是一个人在职场立足的最大法宝。

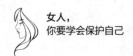
刚进公司的蕊蕊，脸蛋比娜娜漂亮，身材也比娜娜好。她每次都会穿低胸的衣服上班，面对领导时故意趴在桌子边上问问题。看到这里，你可能以为娜娜输给了蕊蕊，但结局却令人意想不到。

半年后，蕊蕊的确成了娜娜的上司，管理着3个项目小组。可是一年之后，娜娜却成为了蕊蕊的上司，与蕊蕊的领导平起平坐。娜娜升职的原因，主要在于公司领导层一致认为她"业绩突出、能力出众"。两年后，蕊蕊离职了，因为她和男领导的事情人尽皆知，她没法在公司待下去了。

多年以后，娜娜和蕊蕊偶遇，谈起往事时，蕊蕊说："那时候我真傻，总觉得只有靠潜规则才能上位，否则就没办法立足……"

总觉得"靠美色才能上位"的想法是愚昧的，有这种想法的女人最后往往会成为男领导、男客户的玩物，这样做短期内确实能得到一些好处，可从长远来看，是非常不值得的。看过那么多宫斗剧，想必大家都知道：笑到最后的女人，往往不是凭借美色，而是凭借能力和智慧。职场也是这样，走到最后靠的是真本事。如果你有实力，走到哪里都会成为璀璨的星星。所以，女性朋友在职场上一定要提高认识，端正思想。

2.切勿爱慕虚荣、急功近利

职场中，有些女性爱慕虚荣、急功近利，把升职加薪看作工作的唯一目的。原本她们只想凭借个人才能在职场上打下一片天地，但奈何某些心怀不轨的男性领导、客户看透了她们的心思和弱点，有意地暗示、引诱甚至是下套给她们钻，最后把她们变成了职场潜规则的受害者。在此，奉劝广大女性朋友，身在职场莫要爱慕虚荣、急功近利，一定要保持平常心，踏踏实实走稳每一步，这样才走得稳、走得远。

3.警惕男领导、男客户的小恩小惠

职场潜规则的发生不是一蹴而就的，而是需要一个循序渐进的过程。换言之，从一开始就会显露出一些征兆。比如，男领导经常对女下属动手动脚，喜欢单独约女下属吃饭、看电影，制造与某个女下属一起出差的机会，带着某个女下属去陪客户，并要求女下属喝酒，等等。这些情况，想必很多女性朋友都知道。

其中还有一个征兆可能会被女性朋友忽视，那就是男领导、男客户喜欢送礼物给某个女性，比如送包包、首饰、手表、丝巾、衣服等。如果女性朋友单纯地以为这是领导或客户重感情、讲情义的表现，并欣然接受，那么对方则会视此为"可以更进一步"的信号。

常言说得好："拿人手短，吃人嘴软。"天下没有平白无故的恩惠，天上也不会掉馅饼。如果你不想成为职场潜规则的对象，请从一开始就谨慎对待男领导、男客户的小恩小惠，最好用礼貌的态度明确地拒绝，这样既不伤和气，也不给男领导、男客户得逞的机会。

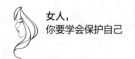
职场上遇到性骚扰，要注意收集证据

就现在而言，职场性骚扰早已不是什么新鲜事儿，对于职场女性来说，上司利用职务之便向她们实施性骚扰，已成为她们难以启齿的经历。由于难以分清关心、暧昧与骚扰之间的界限，多数女性考虑到个人形象和职业发展，对一些上司的"擦边球"往往选择忍气吞声，实在无法忍受的，只能被迫离职。

自入职起，刘玉就受到公司一位男性前辈的"特别关照"——从最初向她传授工作技巧，帮她解决工作难题，到后来在领导面前替她说话，再到最后不断打探她的隐私，甚至有意无意地和她发生肢体接触。本来刘玉还挺感动，觉得刚走上工作岗位就遇到了一位职场老师，但慢慢地她就感觉到了不对劲，好像前辈对她另有所图。

前辈已经成家，但他经常对刘玉说："如果我老婆像你这样温柔就好了。"这样的话让刘玉感到浑身不自在。刘玉说，前辈还会在不经过她同意的情况下给她整理头发，掸她衣服上的灰尘。由于没有受到实质性的伤害，她也没想过向公司领导举报。

借着"关心下属"的名义对女下属进行性骚扰，是很多职场老手、公司领导的惯用伎俩。此外，借着酒劲儿对女下属动手动脚，也是一些公司领导、客户经常干的事情。

悦悦是一家广告公司的经理助理，记得刚进公司时，老板就问她能不能喝酒，当时悦悦说"不太能喝"，老板马上说："没关系，那说明你有很大的培养空间。"入职后，老板经常带着她参加商务应酬。

悦悦说："老板经常把我安排坐在男客户旁边，几杯酒下肚，有些客户就开始讲黄色笑话，还借着酒劲儿对我动手动脚。让我感到心寒的是，老板不仅不会劝阻，还劝我忍气吞声，说这都是为了工作。"

一边是职场性骚扰，一边是周围人见惯不怪的态度，有些女性可能会自我怀疑："是不是我太敏感了？"那么，到底怎样的行为才是性骚扰呢？所谓性骚扰，指的是违背他人意愿，以言语、文字、图像、肢体行为等方式进行的骚扰。性骚扰除了男性骚扰女性，也有女性骚扰男性。在此，我们仅站在女性角度，讲述常见的性骚扰种类：

1.讲黄段子

职场是一个比较正式的场合，可总有些人喜欢在女性同事面前讲黄段子，或是为了炫耀自己懂得多，或是为了博人眼球，也有人是为了看听者的反应，试探有没有下手的机会。别以为黄段子只是一种玩笑，其

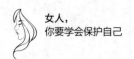

实它属于性骚扰的一种。

2.故意发生肢体接触

生活中,我们难免会与他人发生肢体接触,只要不是故意为之,就没必要大惊小怪。但是如果男同事、男领导故意与你发生肢体接触,而且接触的次数比较频繁,那你就要当心了。

3.发送色情短信、邮件,拨打色情电话

有些男同事、男领导会给女同事、女下属发色情短信、邮件,甚至赤裸裸地邀约,或半夜打色情电话,言语挑逗。这都属于性骚扰,如果你收到这类短信、邮件,一定要保留好,或对通话进行录音,可作为举报对方性骚扰的证据。

4.猥琐地注视女性胸部、臀部等

男性用猥琐的眼神盯着女性的胸部、臀部看,让女性感到不舒服,这也属于性骚扰。

5.做出性猥亵动作

当有人对你做出性猥亵动作,包括性暗示的动作、暴露自己的性器官时,不用多说,这完全构成了性骚扰,严重的情况下甚至会构成犯罪。

6.强行搂抱、抚摸、亲吻

相比于前面几种行为,强行搂抱、抚摸、亲吻等已经上升为侵犯举动了。有些领导借谈工作的机会,摸女下属的手,亲女下属的脸,这些举动都是性骚扰。

7.以某些条件进行施压,提出性要求

在职场中,有些上级以给女下属升职加薪、绩效考核打高分等作为条件，对女下属进行施压，继而提出性要求。或利用职务和工作之便，比如，借与女下属出差之际，在宾馆引诱女下属发生性关系，无疑都属于性骚扰。

遇到性骚扰时，以强硬态度拒绝并非明智之举，特别是在对方行为没有过激，且证据不足时，你很容易被性骚扰者反咬一口，比如"你真是不识好歹，我好心照顾你，你反而……"这样不仅让你陷入难堪，而且会被骚扰你的同事、领导、客户视为"敌人"，对你今后的职业发展十分不利。正确的做法是：

1.沉默、排斥、回避

在遭遇性骚扰时，女性朋友一开始可以采取沉默、排斥、回避的态度。比如，男领导跟你讲荤段子时，你可以沉默应对，不作回应；对方摸你的手时，你马上把手缩回去；对方搂抱你时，你赶紧将其推开，表现出反感，并转身走开。以这些方式应对性骚扰，足以能够表明你的态度，从而让对方敬而远之。

2.注意收集性骚扰的证据

如果你采取沉默、排斥、回避的姿态，依然不能抵御男领导、男同事、男客户对你的性骚扰，那么你就有必要收集相关证据。比如，保存对方和你的语音或文字聊天记录，借助手机录像、监控等设备，进行取证。等到证据充足时，再提醒、警告对方："如果你再这样，我就报警了。"

3.向公司、妇联、公安机关、法院等部门求助

当你掌握了充足的性骚扰证据，并下定决心维权时，你可以先向公司相关部门举报，若得不到公正的处理，你可以向妇联机构、公安机

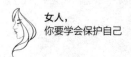
关、法院等部门求助。

我国《民法典》第一千零一十条规定：违背他人意愿，以言语、文字、图像、肢体行为等方式对他人实施性骚扰的，受害人有权依法请求行为人承担民事责任。机关、企业、学校等单位应当采取合理的预防、受理投诉、调查处置等措施，防止和制止利用职权、从属关系等实施性骚扰。

最后，提醒广大女性朋友：为避免成为性骚扰的对象，你可以在某些人面前经常提起自己的男朋友、丈夫，还要注意减少与某些人独处一室的机会，特别是要避免与对方晚上一起加班、一起出差等机会。

第 5 章

相信爱情，但不要迷失自己

　　爱情是人世间最美好的情感之一，古今中外，无
数人为爱痴狂、为情所困。对于爱情，我们要相信，
要珍惜，要懂得维系，要懂得付出，但不能在爱情中
迷失自己。因为一旦在爱情中迷失自己，就会陷入苦
海，掉入万丈深渊。

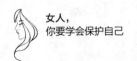
爱别人，先要学会爱自己

　　生活中，很多女人结婚生子后，就把所有的精力都放在了家庭、放在了孩子身上，努力做好一位贤妻良母。她们懂得爱别人，但忘了怎么爱自己，最后付出了一切，反倒失去了爱情，失去了婚姻。

　　赵莲结婚生子后，为了辅佐丈夫干一番事业，当起了全职太太，包揽了所有家务，相夫教子，尽职尽责。刚开始，丈夫对她关爱有加，赞不绝口，后来慢慢习以为常。再后来，随着事业节节攀升，丈夫的交际面更广、接触的人更多，回家也晚了，回家的次数也少了，挑剔却多了。就这样，两人的矛盾与日俱增。直到有一天，赵莲发现丈夫与一位年轻漂亮的女子关系暧昧不清，她才明白了一切，而两人的婚姻也走到了尽头。

　　赵莲找闺蜜诉苦，说："我为他付出了全部，换来的却是背叛，我想不通。"

闺蜜好像看淡了一切："其实你的遭遇没那么悲惨，其中的道理很简单，那就是你把自己看得太低了，你只知道爱别人，却忘了爱自己。如果你连自己都不爱，别人又怎么会爱你呢？"

赵莲愣了："爱自己？那不是自私吗？怎么爱自己？我哪里不爱自己？"

闺蜜说："爱自己跟自私根本不是一回事，爱自己是让你珍惜自己，爱惜自己的身体，有自己喜欢的工作，有自己的社交圈子……每天把自己打扮得光彩照人，每天充实地活着，就会魅力四射，就会充满吸引力。可你呢？你把自己活成了一个只知道洗洗刷刷的家庭主妇。男人更需要一个自信靓丽的妻子，而不是一个免费保姆。"

从某种角度来讲，爱情需要两个人相互欣赏。男人欣赏自信独立的女人，欣赏有情趣、有品位的女人，欣赏有活力、对生活充满热爱的女人，最终归结为一句话：男人最欣赏爱自己的女人。懂得爱自己，善待自己的女人，才能更好地爱家人、爱朋友。

小影原来是一个活泼开朗的女孩，她每个月给父母打钱，还经常抽空回去陪父母，是大家眼中的孝顺孩子。后来她遇到了一个男孩，并且死心塌地地爱上了对方。可是男孩除了长得帅和会哄女孩开心之外，简直一无是处——他沉迷于游戏，不愿意上班，还伸手向小影要钱花。后来小影怀孕了，男孩却要求打掉孩子，并和小影分了手……

这件事对小影的打击非常大，她认为一切都是自己在自作多情，从此变得郁郁寡欢，对父母也不闻不问，父母为她操碎了心。

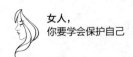
　　女人可以爱别人，但先要学会爱自己；可以追求爱情，但不能把某一个人当作自己的全部。无论曾经的爱情最终变成什么样子，都要勇敢地接受它，同时善待自己，乐观向上。这样才不会让身边爱你的人担心，这也是对他们最好的爱。

　　女人，如果你没有爱自己的心，不知道爱护自己，不知道怎样让自己快乐，那么你如何把快乐带给别人呢？又怎样与别人快乐相处呢？又靠什么吸引别人，让别人真心爱你呢？所以，爱自己和爱别人不矛盾，爱自己可以让你更好地去爱别人。

　　莉莉长相普通，学历也不高，走在人群中根本不会引人注意。她单身多年，从来没有被男生追求过。她曾试着主动追求自己心仪的男生，但都被直接或委婉地拒绝。好在莉莉自信乐观，头脑清醒，没有为了所谓的爱情而委曲求全，而是走上了一条自我改造的道路。她在工作之余读书充电，参加培训课程，学习技能，提升职场交际能力，还学习了穿搭技巧，更好地塑造了自己的外在形象。不到两年，她就从一个丑小鸭蜕变成精致的职场女人。她出众的气质吸引了众多追求者，她出色的工作能力让她的职业晋升道路变得宽阔无比。

　　可见，当你爱自己，让自己变得越来越好时，面对爱情的时候，你就会越来越自信。爱自己，就要有一颗不断进取的心，不断提升内在的修养和自身的能力，争取更大的空间和更好的生活质量。比如，保持读书充电的习惯，不断丰富自己的知识储备，提升工作技能，让自己变得更出色。

爱自己，就要重视自己的健康，保养自己的容颜，保持自己的身材。因为身体是革命的本钱，有好的身体才能好好爱自己、爱别人，才能享受美好生活。因此，女人要定期体检，坚持运动，让自己充满活力。

爱自己，就要关注自己的精神世界，面对压力时要懂得放松自己，遇到不如意时要学会排解烦恼，而不要消极抱怨、悲观消沉，不要为生活琐事所困扰。这样你才能由内而外散发出魅力，才能保护好自己和家人。

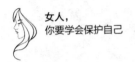
恋爱一定要看重对方的人品和性格

2020年8月30日，河南嵩县城关镇发生一起重大刑事案件：

26岁男子邢某当街打死前女友贾某，现场画面惨不忍睹。当时邢某趁贾某不注意将其捅伤，并对其进行殴打。路人上前劝阻，但邢某依旧对躺在地上的贾某施暴。

事发后，群众报警将受伤的贾某送往医院抢救，但贾某因伤势过重，经抢救无效身亡。与此同时，邢某被民警当场控制并带走，但他没有丝毫悔意，而是面带微笑，神情淡然。

据了解，邢某与贾某曾是恋人，而且已经订了婚。可是因邢某不知上进，一而再再而三地伤透贾某的心，于是贾某选择退婚。据贾某家人透露，邢某是当地的一个小混混，整日游手好闲，还有赌博恶习，但他油嘴滑舌，很会哄女孩开心。

虽然邢某有很多缺点，但贾某幻想他会变好。起初，邢某确实有所改变，让贾某看到了希望。可没过多久，他又开始游手好闲。这次贾某在家人的劝说下选择退婚，彩礼钱都退给了邢某家。邢某怀恨在心，于是做出了如此丧心病狂的事情。

对于妹妹遇害，贾某的哥哥伤心不已，他说一开始全家人就反对妹妹与邢某在一起，可是妹妹非常固执，偏要跟邢某在一起。家人见劝不了她，也就默许了她与邢某的婚事。现如今，家人都很懊悔，如果一开始就坚决不让他们在一起，也许不会发生这样的事。

看完这个案例，相信大家都会替贾某感到不值，她为了和邢某在一起不惜和全家人作对，到头来却没有得到想要的爱情，反而丢了性命，真是可悲可叹。这个案例警示广大女性朋友：恋爱时一定要看清对方的人品和性格，千万要远离邢某这样的人，否则就是与狼为伴，最后受伤的是自己。

恋爱很美好，但现实很残酷，女性朋友在被人追求的时候，千万不要被甜言蜜语冲昏头脑，一定要多听家人的劝告，因为他们作为旁观者，很多时候看待事情是比较客观的，看人也是最清楚的。当然，作为恋爱的一方，更应该透过现象看本质，透过对方的一言一行看透其真实的人品与性格，避免被渣男欺骗。

1.看他对你的态度

有首歌唱得好："好男人不会让心爱的女人，受一点点伤。"好男人是不会让你受委屈、受伤害的，他再生气也舍不得对你发脾气，更不会对你施暴。如果你发现对方总是克制不住情绪冲动，总喜欢以爱之名伤害你，甚至对你大打出手，那这很可能是步入婚姻后家暴的前兆。而

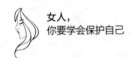
一个男人如果控制不了脾气，也不会给你带来一个和睦温馨的家庭。因此，赶紧远离这样的男人吧。

好男人也会对你说善意的谎言，但绝不会对你虚情假意，他会从心底里真正尊重你，照顾你的感受，给你充分的安全感，让你知道他是靠谱的。如果你发现男朋友经常对你说谎，说一套做一套，那你就要小心了。

好男人也爱美女，但自从爱上你之后，他就会和其他异性划清界限，不会和别人暧昧不清，更不会背着你脚踏两只船。如果你发现男朋友和别的女人玩暧昧，甚至背着你和别人约会，那你还是赶紧结束这段恋情吧。

2.看他对前女友的评价

如果你的男朋友曾经有过恋爱，你不妨问一下他对前女友的评价。如果他讲前女友的坏话，那这个男人人品可见一斑。毕竟曾经相爱过，有许多美好、感人的经历，不管因为什么原因分开，都应该心怀感激，而不该去恶意诋毁。一个懂得尊重自己前女友的男人，才是一个有情有义、有胸怀有格局的男人。当然，如果你的男朋友总是在你面前夸前女友，还拿你和她作比较，说你不如她，那说明他对前女友旧情难忘，也说明他并未真正爱上你。这样的男人也是靠不住的。

3.看他对家人的态度

百善孝为先，孝顺是一个人最基本的准则。一个男人如果对父母不孝，对家人态度恶劣，那就很难说他是一个好男人，比如对父母呼来喝去，态度恶劣，很不耐烦；背后说家人的坏话，家人遇到困难，举手之劳都不肯帮，却有钱在外面花天酒地，这样的男人怎么可能人品好、性格好呢？

真正的好男人懂得尊重父母，懂得关爱家人，同样也懂得关爱自己的妻子。不过需要注意的是，有些男人过分依赖父母，对父母言听计从，过于维护兄弟姐妹，只要家人一句话，他们就照着去做，这样的男人虽然人品不差，性格也好，但缺乏独立思想和男子汉气概，是无法保护好你的，也应该尽早远离。

4.看他心理是否健康

人品好、性格好的男人会有健康的心理，有积极乐观的心态，看人看事会从积极的角度出发，善于看到事物好的一面。而有些男人看问题消极悲观，看人横挑鼻子竖挑眼，总是看到别人的不足，还喜欢嘲讽别人、贬低别人，以此抬高自己，这样的男人心理是不健康的。还有些男人孤僻、冷漠，待人毫无热情，甚至会因别人一句话说得不中听而发脾气，遇到这样性格的男人最好远离。

5.看他对工作的态度

恋爱的时候，判断一个男人是不是好男人，有没有好人品的一个重要标准是看他对工作的态度。如果一个男人对待工作三天打鱼两天晒网，没有足够的工作热情，没有吃苦耐劳的精神，总想着一夜暴富，或想着走歪门邪道赚钱，那么这样的男人肯定靠不住。那么，他们将来又拿什么来养家糊口，用什么来维系自己的婚姻呢？所以，恋爱时一定要看看对方对工作的态度。

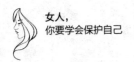
自尊自爱，结婚前不要随便花男人的钱

某婚恋论坛的一篇帖子下面有这样一句评论："男人就像砧板上的肉，该宰就要宰。"这样的三观的确有些让人愕然，更不可思议的是，这句评论居然还有很多人点赞。现实生活中，有些女性也许正是认同这个观点，才会在恋爱中花男人的钱花得那么理直气壮。

"我是他女朋友，不花他的钱花谁的钱？"

"他是我男朋友，为我花钱不是应该的吗？"

"不给我钱花，凭什么跟我谈恋爱？"

"舍不得给你花钱的男人肯定不爱你！"

有多少女人被这样的毒鸡汤给误导？以为恋爱结婚就是找一个提款机，她们只负责打扮得漂漂亮亮，只负责撒娇卖萌。殊不知，男人的钱不是大风刮来的，你从男人那里花掉的每一分钱，在他那里都有记号，一旦恋爱没有结果，这些被你花掉的钱可能就会让你陷入被动而尴尬的境地。

　　有个女孩通过相亲认识了一个男孩，两人对彼此的感觉还不错，于是偶尔一起约会吃饭、逛街、看电影。逛街的时候，女孩看到喜欢的衣服、鞋子、项链，会撒娇让男孩给她买。有一次，女孩逛到一个手机柜台前，拿起一款刚上市的手机不愿意放下，说自己的旧手机运行太慢、像素不高，男生碍于情面只好给她买下。

　　但是，随着付出金钱的增多，两人的恋情却没有随之升温，男孩提出了分手，并让女孩把之前花的一万多元还给他。女孩不答应，还说："谈恋爱时哪个男人不给女人花钱？花你这点儿钱是应该的，哪有你这样小气的男人？"

　　最后，男孩的母亲去女孩家里讨要，吵闹声惊动了四邻，人们纷纷出来看笑话，这让女孩全家特别难堪。

　　谁说恋爱中的男人为女人花钱是天经地义的？男人愿意为女人花钱那是情分，而不是义务。对于恋爱中的女人来说，随便花男人的钱无形中就欠下了人情，人情是最难偿还的。常言说得好："吃人家的嘴软，拿人家的手短。"今天你随便花男人的钱，明天男人对你提出过分的要求时，你就不好意思拒绝。因此，聪明的女人在恋爱时要摆正心态，做到自尊自爱，不随便花男人的钱，这样才能在恋爱中保持主动权，才能赢得男人的尊重和爱慕。

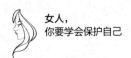
公司同事晓芬通过闺蜜介绍谈了一个男朋友，对方长相帅气，经济条件不错，对晓芬也很好。有一次，男友开车送晓芬上班，被另一个同事看见，吃午饭的时候，那位同事酸溜溜地对晓芬说："你命真好啊，找了个有钱的男朋友，就算不上班也有人养。"晓芬立即反驳道："他有钱那是他的，我每个月有工资，我不用他养。"

同事不屑一顾地冷笑一声，没再说什么，但闺蜜知道晓芬说的都是实情。记得有一次她们一起逛街，晓芬看中了一件外套，但价格偏贵，她犹豫了一番后还是有点儿不舍地放了回去。闺蜜开玩笑说："让你男朋友给你买啊，像你这么漂亮的女人，很多人都会抢着给你埋单呢！"

晓芬莞尔一笑，说："他有钱是他的事，我找男朋友又不是为了占人家便宜。男朋友再爱我，我也不会在金钱上依赖他，我觉得独立的女人才最有底气。"闺蜜听了这话，对她的敬佩之心油然而生。

像晓芬这样的女孩，知道不能把男朋友当成饭票，不能把自己变成寄生虫，而是独立地活着，有尊严地活着。她们非常明白，索取的人永远是卑微的，只有保持经济相对独立，才会让自己在恋爱中保持自由、平等和魅力。

有句名言说得好："爱情是理想的一致，是意志的融合，而不是物质的代名词、金钱的奴仆。"金钱不能买来爱情，爱情也无法用金钱来置换，打着恋爱的幌子骗吃骗喝骗钱花，最后只会让自己受伤。

那么，在恋爱中，女人怎样对待男人的金钱才能保持自尊自爱呢？

1.礼尚往来，让花钱促进两人之间的感情

在恋爱中，女人完全不接受男人的礼物，不花男人一分钱，看起来很独立，却容易让男人产生距离感。因此，不随便花男人的钱，并不是说一定要和男人在金钱上划清界限，而是说什么样的钱能花，什么样的钱不能花。

一般来说，恋人约会时吃饭、看电影这样的小钱，男人都愿意主动付款，女人也应该接受，如果这种小钱也要AA制，对方会觉得你不喜欢他，不想与他交往。而生日或节假日男人给女人赠送的礼物，女人可以收下，但最好在恰当的时机予以回馈。比如，在男人生日的时候，送他一条领带。这样双方礼尚往来、互有馈赠，感情才能快速升温。

至于名牌包包、高级手表、高档手机等花费较大的礼物，女人最好拒收。理由很简单，如果你真心想跟他结婚，你不舍得乱花他的钱；如果你不想跟他结婚，那你有什么理由花他的钱呢？所以，不管怎么说，结婚前都不要随便花男人的钱。

2.分手时，要做到"情"和"财"两清

人世间的恋情有很多，有些恋情可以修成正果，有些恋情却半路夭折。如果恋情不能维持下去，那么分手的时候，面对曾经相爱的人，就应当公正地做个了结。对女人来说，无论是谁提出分手，最好都要和对方做到"情"和"财"两清。尤其是"恋爱中男人为你花了很多钱，最后你却提出分手"这种情况，女人更应该拿出"退还钱财"的态度，能够退回多少暂且不说，但态度一定要明确。否则，碰到某些性格极端的男人，他接受不了"人财两空"的结局，那么女人就可能会有悲惨的下场。

2020年8月9日，四川富顺县发生了一起重大刑事案件：43岁的蒋某

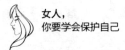

某一家五口被灭门，连蒋某某姐姐两个11岁的双胞胎女儿也未能幸免，最终凶手邱某某也跳楼自杀。据警方调查，这起惨剧的起因是蒋某某不想跟邱某某结婚，却在恋爱时花了他几十万元用于装修房子，分手后却拒不退还这笔钱。

这起人间惨剧给广大女性敲了一个警钟：结婚前，无论男人多么爱你，也不要把男人当成冤大头和提款机。另外，分手时一定要记得退还对方送给你的贵重礼物或借给你的钱财，做到"情清"和"财清"。

男人向你提及钱财时要多个心眼儿

爱一个人的方式有很多，最愚蠢的方式是给对方钱或借钱给对方。因为当爱情与金钱扯上关系时，爱情就很容易失去纯真的味道。因此，在恋爱中，当男人向你提及钱财时，你一定要多留一个心眼儿，切勿轻信男人。

男友对慧美说："我想买辆小车，这样就可以开车带你去想去的地方看风景，平时出行也能让你免受风吹日晒之苦。"慧美听了非常高兴，可男友随即说道："可是我买车的首付不够，你能不能拿点儿钱？"慧美心想："反正以后结婚了，车也是我们俩的。"于是她爽快地给了男友3万元。

过了一段时间，慧美要带男友见家长，男友又说手头紧："你说我要去见你父母，我怎么也得带点儿礼品吧，不然的话，你爸妈觉得我太不懂礼貌了，可是我手里没钱啊，你先借给我一点儿吧。"男友开口

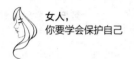
了，慧美哪能不借，于是又给了男朋友2000元。

后来，慧美借钱给男友的事情被她爸妈知道了，爸妈痛斥慧美："你傻不傻，他叫你借钱你就借啊？你不怕他骗你吗？再说了，一个男人这点儿钱都没有，那还有什么指望？"

慧美觉得男友很好，是爸妈在"以小人之心，度君子之腹"。最后，她被父母说得心烦，就出门找男友去了。慧美本想问清楚男友到底是不是骗他钱，可男友却说："宝贝，你别担心，我保证会爱你到永远，我现在的困难是暂时的，以后我会养你，不让你辛苦地上班。"慧美听了这些话，心里美滋滋的，把父母的告诫抛到了脑后。

借钱这档子事，有了第一次、第二次，就会有很多次。前前后后，慧美借给了男友共6万元。突然有一天，男友玩起了失踪，任她怎么打听也联系不上。这时她才如梦初醒，知道自己被骗了。

世界上有一种女人很可怜，却不值得同情，那就是傻傻地以为爱一个人就要付出全部，不断地以爱之名绑架自己，满足对方无休止的欲望。在我们身边，还有很多像慧美这样的女人，他们轻信男友的花言巧语，却不懂得辨识对方的人品，一而再再而三地被骗。更可气的是，她们如同被洗脑了一样，任由身边的亲人、朋友怎么劝告、阻拦，始终听不进去半句。

聪明的女人才不会这样，她们不会只听男人的花言巧语，她们懂得去观察对方的言行，从细节之处分析、判断对方的人品。就拿借钱这件事来说，假如男友动不动就找你借钱，那他的人品很可能是有问题的。关于这个观点，我们不妨分析一下：

当男友频繁向你借钱时，一般有两种可能：一是他没本事、没担当、没骨气，二是他真的遇到了困难。对于前一种情况，你应该做的就是果断分手，因为没本事、没担当的男人根本靠不住。对于后一种情况，你不妨先想一想：为什么他不找父母借钱，不找自己的朋友借钱，而要找你借钱？

按常理来说，男人一般不会向女人借钱，尤其不会向自己的女友借钱，因为这是一件有失男人尊严的事情。但他居然频繁找你借钱，那只能说明一个问题：你的钱容易借甚至是容易骗。他父母、朋友的钱不容易借，不容易骗，这很可能是借遍了之后，没人信任他的下场。所以，这样的男人一般是靠不住的。

此外，你还可以通过以下几种方法来确认自己的判断：

1.看男友借钱之后能否及时归还

常言道："有借有还，再借不难。"如果你清楚男友只是暂时遇到了困难，他在无计可施之际向你开口借钱了，只要金额不大，你不妨借给他。你可以将此次借钱作为检验其人品的一个机会，看他借钱后能否及时归还。如果你发现他明明有钱，还是不归还，那你可以先暗示他，若有必要再直接提醒。如果这样都不能促使他还钱，那你今后一定不要再借钱给他，而且你要不要跟他继续交往下去也要打个大大的问号。

2.通过男友的朋友来看他的人品

你还可以通过男友周围的朋友来判断他的人品，比如，看你男友的朋友都是怎样的人，看他们是怎么样评价你男友的，了解他们是否有过被你男友借钱及借钱不还的经历。通过这些信息，你对男友的为人就会有一个大致的判断了。

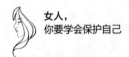
3.看男友向你借钱时是否油嘴滑舌

一个男人若想骗女友的钱，在借钱的时候往往会油嘴滑舌，一方面会找很多冠冕堂皇的借钱理由，比如投资了一个新项目，做生意资金周转不开，买车或买房等。另一方面，他还会对你说一大堆甜言蜜语，把你哄得心花怒放，让你觉得他非常爱你。其实，他正是在利用你的弱点，为骗你钱财扫清障碍。在这里要特别提醒女性，在恋爱的时候，千万别幻想"男人现在所买的车、买的房将来也是我的"这样的美梦，因为恋爱充满了不确定性，你根本不知道分手和明天哪个先来。

总而言之，男友向你提及钱财时，你要多一分警惕，少一分轻信。如果男友频繁向你借钱，而且借钱不还，那你应该设法要回借出去的钱，并趁早与他分手。

与男人同居这几个问题要处理好

随着人们思想观念的不断开放，婚前同居已成为一种普遍的生活方式。很多人认为婚前同居一段时间可以让两人磨合一下，检验彼此是否真的适合。也有人认为婚前同居会导致婚姻失去神秘感，彼此产生厌倦感，不利于恋爱走向婚姻或不利于婚姻的长久。

婚前同居到底利大于弊，还是弊大于利，仁者见仁，智者见智，暂且不去讨论，我们要探讨的是，怎样的恋爱才可以迈出同居这一步。因为同居最大的问题在于，你不了解对方的真实想法，对方到底是为了结婚试婚才和你同居，还是为了满足生理需要才和你同居呢?

23岁的小舟大学毕业不久，就交了一个男朋友。她和男友认识才两个月，男友就提出了同居的想法："我们同居可以相互适应一下，也好让我照顾你，为将来结婚做准备。"小舟考虑到对男友很满意，真的想和他结婚，于是就答应了，搬进男友租住的房子里。

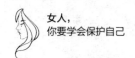
但是两人同居不到三个月，男友就提出分手，理由是："我觉得和你生活在一起太累，我们真的不合适。"令小冉更意想不到的是，分手一个月后的某天，小冉偶然路过之前和男友同居的小区，看见前男友带着一个女孩回了家。后来小冉才知道男友和好几个女孩同居过，她只是其中一个。

小冉的同居经历告诉我们：当男友提出同居想法时，你以为同居是为你们结婚做准备，可能对方只是为了满足自己的生理需求或找一个免费保姆。所谓人心隔肚皮，你很难搞清楚他真正的想法。因此，在你不确定对方是否真的爱你，是否真的想和你结婚时，请拒绝他的同居要求。如果他因此冷落你，那恰恰说明他并不爱你。

当然，如果你非常清楚男友对你的感情，知道他很爱你，很想和你结婚，同居完全是为婚姻生活做准备，那么选择同居也无妨，但要处理好以下几个问题：

1.处理好财务问题

财务问题是最现实的问题，因为男女朋友同居一般都是在外租房住，这就涉及房租的分担；两人住在一起，少不了柴米油盐酱醋茶、水电费等生活开销。这些费用怎么分担呢？尽管男友提出同居想法时满口答应费用全由他承担，但这毕竟是一笔不小的开销。同居久了，他可能承受不起。到那一天，他可能会跟你明算账，例如，要求AA制或提出分手，以从困境中解脱。因此，当男友提出同居要求时，你要结合他的经济能力判断他是否能够承担这笔费用。当然，如果你愿意，也可以分担部分费用，至于你愿意分担多少比例的费用，你可以结合自己单独租房的花销来定。

2.处理好家务问题

既然同居了，两口子就要把日子过好，这就涉及家务问题。不少有过同居经历的女人吐槽，说男友从来不做家务，买菜、做饭、洗碗、拖地、洗衣服、收拾衣物等，都是她来做。自己每天上班累得够呛，回家还要伺候男友，真的很累。看他打着游戏，不亦乐乎的样子，火气一下子就上来了。这就提醒广大准备和男友同居的女性，同居时一定要和男友明确家务分工，如果他本来就性格懒散，那你最好别答应同居，免得为家务问题吵架，最后闹得不欢而散。

3.处理好习惯问题

每个人都有自己的生活习惯，情侣同居在一起，生活习惯不同是很难相容的。比如，你喜欢吃辣的，男友喜欢吃甜食；你喜欢吃米饭，男友喜欢吃面食。那你们一日三餐该怎么做呢？难道各做各的，各吃各的吗？那么这样的同居生活还有什么意义呢？再比如，你喜欢早睡早起，可男友喜欢晚睡晚起，特别是周末，喜欢睡懒觉，而你周末却喜欢收拾屋子，那你们之间就很容易产生摩擦。如果你们生活习惯接近或相同，你们生活在一起就会愉快地相处。

4.处理好性生活问题

通常来说，提出同居要求的都是男人，因为女性羞于开口。如果你问男人："为什么想同居？"他们会说出很多冠冕堂皇的理由，比如"我们可以天天在一起，我可以更好地照顾你"，很多女人听了这些话还信以为真。殊不知，很多男人想同居是为了解决生理需求的问题。

与此同时，有些女人傻傻地以为性是拴住男人的有力武器。其实在

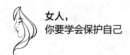
性这件事上，男人越容易得到，可能越不会珍惜。当性生活成了家常便饭时，当男人看惯了你的样子时，男人可能就会慢慢对你失去兴趣。还有一些男人性欲过于旺盛，恨不得每天都要你满足他，这会让你疲惫不堪。

　　婚前同居还会造成一定的意外怀孕风险，作为女性，一定要提高自我保护意识，性生活时要做好安全措施，以免意外怀孕后选择流产对身体造成伤害。

女人，请远离那些有家室的男人

生活中，有些女人喜欢年轻帅气的小男生，有些女人喜欢成熟稳重的"大叔"，喜好不同，不一而足。一旦遇到自己喜欢的类型，就会被深深吸引，为之着迷。可是无论你喜欢什么类型的男人，有一类男人一定要远离，那就是有家室的男人。因为爱上一个有家室的男人通常是不会有好结果的，只会白白浪费青春，留下无尽的伤痛。

年轻貌美的梦茹身边一直不乏追求者，只不过她看不上年轻帅气的小男生，而是喜欢成熟稳重型的男人。在一次聚会中，她一眼相中了一位风度翩翩的中年男士贾先生，他言谈举止从容得体，特别体贴人，全身上下散发着成熟的魅力。

聚会中，梦茹和贾先生互留了联系方式，聚会后梦茹主动加他为好友。经了解得知，贾先生比她大十多岁，是一家公司的老板，年收入超过千万，只可惜早已结婚。理智告诉梦茹应该止步，可是她一直跟贾先

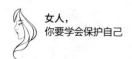
生保持联系。

不仅如此，梦茹还主动示好贾先生，并在一个合适的机会进入贾先生的公司，成为贾先生的助理。随着接触越来越多，梦茹爱上了贾先生。与此同时，贾先生也向梦茹表白，说他虽然结婚生子，但和妻子关系不好，婚姻名存实亡。他还给梦茹承诺，不久将会和妻子离婚，给梦茹一个正式的身份。

原本就心存幻想的梦茹选择相信，可是她内心却在备受煎熬，因为同事们似乎发现了她和贾先生的关系不正常，甚至有人背后议论他们，这让她感到浑身不自在。后来贾先生的妻子得知这一情况，直接冲到公司把梦茹大骂一通，贾先生觉得丢人，只好把梦茹辞退，而他和妻子则重修旧好。

对女人来说，爱上已婚男人或与已婚男人纠缠不清是一件愚蠢而有负罪感的事情。

首先，你会整日饱受煎熬，只能偷偷摸摸地与他交往。

因为在已婚男人的生活中，他首先在意的是自己的家庭，他有且只有在协调好自己家庭的情况下，才会抽出一些时间来陪你。你对他来说不是首选，而是消遣，是可有可无的。你根本就没办法在想见他的时候见到他，想联系的时候联系他。对他来说，你是见不得光的，你们的关系永远没办法像正常情侣一样公告天下，你们不能在公开场合牵手逛街、吃饭、看电影。在他的世界里，你永远都缺少一个正式的身份。

试问，你喜欢这样偷偷摸摸的日子吗？更可怕的是，你插足别人的婚姻是会遭到社会唾弃和众人谩骂的，这种舆论压力会压得你喘不过气来。所以说，爱上有家室的男人于人于己都没有好处，不可能得到满意的结局。

其次，你们永远不可能得到祝福。

老话说得好："宁毁十座庙，不拆一桩婚。"任凭你们之间感情多么深厚，爱情多么浪漫，你也改变不了"第三者"的身份，也不可能得到亲朋好友的祝福，甚至连你的父母都会为你感到羞耻，在亲戚朋友和左邻右舍面前抬不起头。哪怕你最后和这个男人结婚了，身边所有的人还是会看不起你，没人愿意发自内心地祝福你。

再者，只要东窗事发，你马上就会被抛弃。

有些女人觉得只要男人给了自己承诺，那就代表真爱，她们愿意一直躲在见不得光的地下，即便被千夫所指，受尽谩骂，也依然独自默默承受。她们相信这个男人与他的妻子感情不好，早晚有一天会离婚，最终他会给自己幸福的婚姻，给自己想要的生活，她们愿意等待。可是现实是残酷的，一旦你们的婚外情东窗事发，那个男人首先想到的是回归家庭，而你要承受被抛弃的结局。

亲爱的女人，远离那些有家室的男人吧，因为爱情的世界很拥挤，容不下三个人，哪怕他再好，哪怕你再喜欢他，再爱他，你也应该收回自己的心。没有哪个女人受得了别人插足自己的婚姻，同样，你也不应该插足别人的婚姻。

第 6 章

婚姻是一把双刃剑，别不小心伤了自己

在漫漫的爱情长河里，婚姻如同一条船，需要夫妻二人齐心协力，共同划船，才能驶向幸福的彼岸。行船途中，出现争吵、冲突、不愉快是难免的，出现危机也不足为怪。只要双方坚守婚姻的底线，彼此以诚相待，就没有过不去的坎儿。可如果同床异梦，针锋相对，那可能就会船沉人亡，伤人伤己。

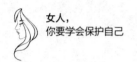
闪婚就像赌博，一定要谨慎

近年来，有个新名词被人们津津乐道，那就是"闪婚"。所谓闪婚，就是闪电式结婚，换言之就是说两个人从相恋到结婚的时间非常短。一般来说，从相恋到结婚不到3个月都算闪婚，这种现象多发生在时下的青年男女身上。

为什么如今有闪婚现象，以前很少听过"闪婚"呢？这既与人们日渐开放的婚恋观念分不开，也与以下几种原因有很大关系：

原因1：父母及家人催婚

有些父母见孩子年龄越来越大，就开始操心其婚事，为其安排相亲。然后双方父母带着孩子见个面，感觉差不多，两个年轻人再稍微相处一下，就办理订婚、结婚仪式。由于是熟人介绍，彼此都了解对方的家世、人品等底细，大体上不会有太大的出入，但也不排除熟人有看走眼的时候。另外，这种情况下，两个年轻人的三观是否一致，性格是否合得来，爱好是否相同，就只能碰运气了。

原因2：年龄大了不想挑了

有些女孩三十多岁，渐渐成了"大龄剩女"，再不结婚，生孩子都有困难。她们看着身边的同龄人早已结婚生子，再看看自己，仍孑然一身，心中不免着急。在这种情况下，如果遇到一个愿意和她在一起的人，她也顾不上挑了，于是闪婚。

原因3：受到刺激负气闪婚

有些女人受到上一段恋情的刺激，面对下一个男人的追求时，明知道自己不喜欢对方，还答应对方甚至同意与其结婚，这种负气闪婚的行为会冒很大风险。因为负气时做的决定一旦错了，事后冷静下来很可能会后悔。

原因4：一见钟情

有些年轻人口口声声不恋爱、不结婚，有人介绍对象还推托，还说不想恋爱，不想结婚，可真遇到那个看对眼的人时，彼此一见钟情，一拍即合，别说恋爱了，恨不得马上领证结婚。

以上四种闪婚的原因，不论是哪一种，都请女士们慎重，尤其是前三种。女人想安定下来，想有一个家自然是好事，可是匆忙结婚无异于赌博，是赢是输全凭运气，收获幸福婚姻的概率又有多大呢？《三湘都市报》曾刊登过这样一则新闻：

王小姐是长沙人，28岁，在熟人介绍下，她认识了比自己大3岁的当地男子韩飞。交往两个月后，两人就领了结婚证，办了婚礼。婚后韩飞直接住到王小姐家，同她父母一起生活。

王小姐说："他人长得帅，在和我交往的两个月内没有对我做过任

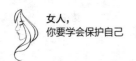

何亲密的举动，所以我认定他是个好男人。他说他在一家老字号的药店上班，收入还不错，而且他家的房子即将拆迁，我们都信了。由于是熟人介绍的，而且父母觉得我老大不小了，该结婚了，所以就草率地领了结婚证。"

可是婚后几个月，王小姐及其家人发现韩飞其实是一个大骗子，他既没有工作，也没有拆迁房，而且在这几个月里，还以五花八门的理由，如"同学放高利贷，投资可以赚大钱""奶奶的房子拆迁了，有买经济适用房的指标""出差需要钱"，等等，前后分5次从王小姐及其母亲手里借走了13.5万元，然后玩起了消失。

更让王小姐没想到的是，当初她认为韩飞是个谦谦君子，是值得托付终身的男人，但在借钱事件后，她发现韩飞在婚前婚后曾与多名女子有染，仅她知道的就有三个，其中一个还是她的同事……

看完这则新闻，让人不禁感慨：闪婚像是一场赌博，赢了，你会生活幸福；输了，你的下场会很惨。既然像赌博，拼的就是概率问题。要想婚后生活的幸福指数高一点儿，最好的办法是婚前双方多一些时间相处，多一些时间去了解彼此，从而提高胜算。具体来说，需要了解以下几点：

1.了解对方的人品

女人都希望找一个可靠的、有责任心的男人作为一生的陪伴。因此，婚前一定要了解清楚对方是否专一，是否有责任心，是否品行端正。

2.了解对方的经济实力

恋爱的时候可以不计较对方的穷富，但结婚不得不考虑这个问题，这并不是说要求对方家财万贯，但起码也应该满足正常生活，毕竟爱情不能当饭吃，如果对方经济实力不好，婚后生活会很狼狈，并由此引发很多摩擦。

3.彼此是否合得来

有些女人可能会说："都到谈婚论嫁的地步了，能不合得来吗？"这倒不一定，要知道恋爱的时候，双方往往会隐藏自己的缺点，而把美好的一面展现给对方。婚后双方不再"演"了，会做真实的自己，这时候可能就会发现彼此合不来。比如，兴趣爱好相同吗？为人处世的方式相同吗？彼此的生活习惯对方能接受吗？如果答案是否定的，那婚后就容易出现很多矛盾。

4.他真的爱你吗

在闪婚之前，女人必须问自己两个问题："他真的爱我吗？我真的爱他吗？"如果只是你或他一厢情愿，那么这段爱情是不会幸福的。有些女人认为，感情可以在婚后慢慢培养，殊不知把两个感情基础薄弱的人培养成彼此深爱的一对有多难。因此，为何不在一开始就选择和相互喜欢的人结婚呢？

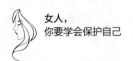

夫妻吵架时应注意什么

夫妻恩爱和睦是每个人都向往的。可是夫妻之间磕磕碰碰、吵吵闹闹是难免的。在日常生活中，不少夫妻经常因一些鸡毛蒜皮的小事吵架，吵着吵着，愤怒的情绪涌上心头，最后可能就会丧失理智，说出伤人的话，甚至做出冲动的事情，让婚姻和家庭遭受重创。

2016年3月21日，浙江省桐庐县某居民小区发生一起坠楼事件，民警接到报警后迅速赶到现场，发现在一幢6层居民楼南侧的绿化带旁躺着一名30多岁的女子，经120医生现场诊断，女子已无生命体征。

据死者丈夫小潘讲述，他和妻子经常为一些小事拌嘴，事发前他在卧室的阳台抽烟，妻子发现后指责他搞得一屋子烟味，他觉得只要开着窗户就没事，于是继续抽烟，两人因此吵了起来。吵完后小潘自己先睡觉了，谁知他的妻子突然从阳台上跳了下去……面对妻子的遗体，小潘悲痛万分，他表示万万没想到妻子会做这样的傻事。

民警迅速对现场展开细致的勘察，发现阳台上的凳子上并无死者的脚印。通过精确计算，发现死者从阳台上坠落的合理位置和实际坠楼位置有较大出入。经进一步勘查，技术人员发现阳台的栏杆上有一条抓痕，而且该抓痕有人为擦拭的痕迹。从抓痕的方向和深度来分析，应该是死者坠楼时拼命抓住阳台栏杆留下的。之后，民警通过刑侦技术比对确认，栏杆上的抓痕正是小潘妻子留下的。这些疑点说明，小潘有很大的作案嫌疑。

经审讯，小潘对自己的犯罪行为供认不讳。原来，案发前他和妻子因吸烟问题发生争吵，吵着吵着，他突然情绪失控，把妻子抱起来扔出5楼的阳台，当时妻子本能地用手紧紧抓住窗户外的栏杆。但小潘已经彻底失去了理智，用力掰开妻子抓住栏杆的手，把对方推了下去……

这是一起典型的因夫妻吵架而发生的激情杀人案件。整个案发现场没有证人，也没有监控，潘某以为伪造现场就可以瞒天过海，却不料难逃民警法眼。从这起案件中我们可以发现：夫妻吵架看似习以为常，但如果双方没有控制好情绪，没有把握好尺度，就有可能酿成悲剧，彻底毁掉一个家庭。

漫漫人生路，暖暖夫妻情，可就算夫妻感情再好，也难免会因这样或那样的原因产生分歧、发生口角、爆发争执。就像电视剧《父母爱情》里的江德福与安杰，虽然他们非常恩爱，但也有吵架的时候。其实，吵架并不可怕，可怕的是吵架时口无遮拦，导致矛盾愈演愈烈，最后彻底失控。那么，夫妻吵架时应该注意什么呢？

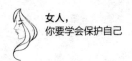

1.不要当众吵架

虽说夫妻吵架很常见，但吵架并不是什么光彩的事情，如果当着亲戚朋友、左邻右舍的面或在大街上吵架，不仅会影响夫妻在外人心中的形象，而且很容易导致矛盾升级，局面难以收拾，因为在众人的关注下吵架往往都死要面子，不甘示弱。另外，也不能当着父母、孩子的面吵架，因为这会让父母难过，让孩子伤心，还会给孩子幼小的心灵造成或多或少的创伤。所以，真正聪明的女人往往懂得当众给丈夫留面子，吵架关起门来吵。

2.不能把"离婚"挂嘴上

有些女人吵架时喜欢说"离婚"，殊不知，"离婚"一词对夫妻双方而言是非常敏感的，把它当作口头禅挂在嘴边，很容易撕裂夫妻间的感情纽带，激化家庭矛盾。你以为是说着玩儿的，是在吓唬对方，但如果你经常这样说，对方就会真以为你不想和他好好过日子了。

要知道，吵架的时候双方本来就情绪冲动，当对方听到你说"离婚"时，很可能毫不妥协地来一句："离婚就离婚。"到时候真可能导致冲动离婚，再后悔就晚了。夫妻两人从陌生、相识，再到恋人，最后结婚，是非常难得的缘分，一定要好好珍惜。因此，吵架时再怎么生气，也不能说"离婚"。

3.就事论事，不要翻旧账

有些夫妻吵架时，喜欢互翻对方的旧账，结果越吵越激烈，吵架就会变成一场"控诉会"，更有甚者最后撂下一句伤人的话："早知道你劣性不改，我当初就不该原谅你！"人非圣贤，孰能无过，既然对方以前的过错已成为过去，就不要翻出来再揭人伤疤。否则，本来两口子矛盾不大，结果却越吵越复杂。所以，夫妻吵架时一定要就事论事，千万不要翻旧账。

4.不要以死相威胁

有些女人和丈夫吵架时，一气之下就会说"我死了算了""我活着还有什么意思""我不想活了""我死给你看"之类的话。其实，说出这样的话是非常愚蠢的，人生在世，除了生死都是小事，犯不着因为吵架就以死相威胁，说这样的狠话、气话，只会伤害夫妻感情，对于解决夫妻矛盾没有任何好处。

5.君子动口不动手

夫妻吵架时，有些男人控制不住情绪，忍不住对女人施暴，这种行为是会受到全社会唾弃的。但也不排除这样一种情况，那就是夫妻吵着吵着，女人先动手打男人，结果男人怒上心头，对女人施暴。在此，奉劝所有的女性同胞，千万不要和男人动手，因为你不是男人的对手，真的犯不着给自己找麻烦。

另外，吵架时不管有多生气，也不要动手打砸东西。因为吵架时双方的嗓门本来就大，如果再配上器物的碎裂声，这无异于火上浇油，而且会吓坏孩子，吵到邻居。更何况摔碎了东西，弄得满地狼藉，还得自己打扫，事后还要花钱再买，何必呢？

有道是："有理不在声高。""君子动口不动手。"吵架时也要讲风度，尤其是女人本来应该以温柔示人，本能够以柔克刚，为什么要把自己弄得像泼妇骂街一样呢？

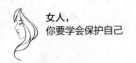
别试图用性惩罚解决矛盾

众所周知，如今的女人越来越独立，也越来越能干，似乎男人能做到的事情女人也可以做到，这也使得如今的女人越来越硬气。不少女人甚至把夫妻性生活视为对男人的一种恩惠，或认为性生活只是一种义务，是自己不得已的付出。如果男人不听话或惹自己不开心，就对男人进行"性惩罚"——拒绝和丈夫过性生活。

性惩罚听起来温文尔雅，实际上是一种来自卧室里的交易，指的是夫妻一方将另一方的欲望和需求作为讨价还价的筹码，以满足自己的愿望。相对于"性虐待"来说，性惩罚的主要手段是拒绝对方的性要求，表面上看来更为和缓，更为人性化，也更容易被已婚女士采用。

虽说性惩罚只是女人"调教"或"掌控"男人的手段，并不是最终的目的，但这种做法是极其愚蠢且十分危险的。要知道，男人与女人的思维方式不一样，夫妻性生活在男人心目中有着无可替代的重要性，如果男人正常的生理需求得不到满足，最后带来的后果可能会超出女人的想象，甚至足以毁掉夫妻感情和婚姻。

王某是某房地产公司的项目经理，曾因洽谈一个投资项目和几位同事到南方某城市出差。洽谈项目自然少不了喝酒应酬，酒桌上一位年轻女同事酒醉失态，王先生作为项目经理，便做起了护花使者，对她精心照顾。

后来这件事传到王先生妻子那里，他的妻子大发雷霆，在此后的半年时间里妻子拒绝和王先生过性生活，结果王先生在极度压抑下出轨，并决意同妻子离婚。

案例中的妻子对丈夫采取性惩罚，本想让丈夫见识一下自己的厉害，但实际上却是在逼丈夫出走，最终导致事情越发不可收拾。

当然，并不是所有男人都会通过出轨行为来反抗妻子的性惩罚，有很多男人会选择默默忍受。可是你知道吗？长期性压抑容易导致男人出现性功能障碍，如性功能减退、早泄、阳痿等，相信没有哪个妻子愿意看到这样的结果吧？

一年前，胡媛因丈夫执意要买一款高档手机与他发生争吵，丈夫认为出门在外谈生意，高档手机是必备的通信工具。胡媛却认为便宜的手机也能用，再说家庭经济压力大，暂时不主张买，但丈夫不听劝告，还是买了。

这件事让胡媛非常生气，她半个月都不与丈夫说话，且拒绝和丈夫过性生活。尽管丈夫向她低头认错，给她买礼物哄她，并主动承担做

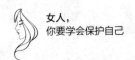
饭、洗碗等家务活，但她仍对丈夫不冷不热。

半个月后，胡媛的气终于全消了，却发现丈夫似乎变了，变得孤僻、冷淡，对原来渴求的夫妻生活也提不起兴趣，有时只是勉强应付，这令她非常失望。过去丈夫那种充满阳刚的男子汉气魄也消失得无影无踪，夫妻感情由此蒙上了一层阴影……

作为女人，如果你动辄用性惩罚来教训男人，不仅会影响夫妻关系和谐，还会给男人留下心理阴影。具体而言，一方面容易引起男人性功能抑制和障碍，也会使男人心情抑郁、垂头丧气、委曲求全，失去男子汉气魄；另一方面还可能让原本喜欢你的男人在不知不觉中对你产生厌倦，以至于从身体上反感你、排斥你，甚至到外面去寻找性释放，而这会对你们的婚姻造成严重的伤害。所以，在性惩罚中从来就没有真正的赢家，性惩罚带来的恶果最终需要你以及你们的婚姻来承受。

身为女人，要知道夫妻关系与其他人际关系是不同的，它需要以两情相悦的性爱作为婚姻的基础，这是夫妻不能缺少的感情交流方式，而不是一方对另一方的施舍，更不是一种交易，不能全凭男人的表现或自己心情的好坏来决定是否与他过性生活。

真正聪明的女人，绝不会通过性惩罚来要挟男人，相反她们会把性生活当作调剂夫妻情感、化解夫妻矛盾的一种润滑剂。她们懂得，性爱是一种无声的语言，也是一种精神交流，可以传递彼此的善意和爱意。因此，在夫妻之间出现摩擦、矛盾后，通过身体接触和性生活不仅能够消除彼此心中的不快，还能增进夫妻感情。

面对家暴，女人该如何保护自己

每个女人都渴望有一个疼爱自己的老公和幸福美满的婚姻生活，可现实中有些女人遇到的却是爱家暴的男人，过的是不得安宁的婚姻生活。家暴有了一次，往往就会有第二次、第三次，甚至会有无数次。对于每一个经历过家暴的女人来说，那种被伤害、被羞辱的感觉是极其痛苦的，那种痛苦的记忆更是挥之不去的。

在印度电影《神秘巨星》中，女主伊希娅的母亲就是一个遭遇家暴的女人。虽然她对丈夫百依百顺，但丈夫每次不顺心时都会对她大打出手。伊希娅心疼母亲，劝母亲离开父亲，但母亲却生气地说："你有没有问过我想不想跟你爸爸离婚啊？"

有人觉得伊希娅的母亲太软弱，但实际上那只是面对现实的无奈屈服。最终，电影的结局是美好的，因为伊希娅的母亲离开了丈夫，离开了家暴。但现实生活中，有很多被家暴的女人却迫于种种无奈没有离开。

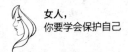
曾看到这样一则新闻：一名女子遭遇前夫家暴长达11年之久，最后忍无可忍，选择了离婚。可离婚之后，前夫又纠缠着她要求复婚，被她拒绝后，前夫一怒之下咬掉了她的鼻子。看完这个案例，不由得让人产生一连串的疑问：这名女子怎么忍受得了11年家暴？如果她早点维权，早点离婚，结果会是怎样呢？

老话说得好："可怜之人必有可恨之处。"遭遇家暴的女人虽然值得同情，但如果只知道默默忍受，而不懂得反抗，不懂得自保，那也是非常可悲的。女人应该有尊严地活着，有原则地活着，在遭遇家暴时应该奋起反抗，坚决保护自己。

1.保护自己，保留家暴证据

当男人如愤怒的公牛攻击你，对你实施家暴时，如果可以逃离现场，那你应该快速逃离或躲进房间、洗手间，设法与对方隔开，给对方冷静的时间。如果无法逃离，你应该保护好自己的要害部位，如头部、肚子、脖子、面部等，你可以尽可能蜷缩起来。如果不幸被暴力伤害，应该拍照保留受伤的痕迹和现场的证据，然后选择报警。如有必要，可以去医院检查伤口，保留下诊断证明，还可以让家人做证，这些证据能作为家庭暴力最有力的证据。

2.敢于发声，不怕家丑外扬

俗话说："家丑不可外扬。"很多女人觉得被老公家暴是一件很丢人的事情，被人知道了会看笑话。殊不知，这种心理会让女人孤立无援，也会让男人更加肆无忌惮。聪明的女人在遭遇家暴时懂得大胆发声，敢于把事情闹大，让亲戚朋友和街坊邻居都知道，这样可以制造一种社会舆论压力，让男人遭到大家的谴责，从而有所收敛。

3.表明态度，给他一次机会

在家庭婚姻生活中，如果丈夫一直对你挺好，只是因为某次矛盾冲突升级，没控制住情绪而对你实施了轻微家暴，并且事后主动承认错误，深深自责，那么对于这种情况，你一定要表明态度，同时给对方一个改过自新的机会，毕竟婚姻不易，没必要稍微遇到一点儿家暴就一拍两散。

王梦经常加班、应酬，而丈夫是一个控制欲比较强的男人，经常多次质问王梦的行踪，翻看王梦的手机，如果发现她有陌生的聊天或通话记录，就会刨根问底。起初王梦认为这是丈夫太在乎自己的表现，还能耐心解释，但丈夫并不相信她，最终两人之间爆发了激烈的冲突，丈夫更是愤怒地对她实施了家暴。

事后王梦彻底摊牌，提出和丈夫离婚。丈夫悔不当初，苦苦哀求，发誓再也不会有第二次，否则愿意净身出户，并和王梦白纸黑字签下协议书。王梦考虑了两天后，答应给丈夫一次机会。此后，丈夫改变了很多，再也没有出现过家暴行为。

当男人家暴后意识到自己的错误，恳求你给他一次机会时，你不妨给他一次机会。但是你一定要表明态度，要让他知道你不是可以随便欺负的。否则，他可能不珍惜这次机会，下次还会如法炮制，对你实施家暴后再次求你原谅。

4.依法维权，给男人下马威

在遭遇严重家暴或遭遇多次家暴，已经让你的生命安全受到威胁

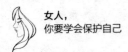
时，一定要立即报警或向相关部门寻求帮助。《中华人民共和国反家庭暴力法》第十三条规定：家庭暴力受害人及其法定代理人、近亲属可以向加害人或者受害人所在单位、居民委员会、村民委员会、妇女联合会等单位投诉、反映或者求助。有关单位接到家庭暴力投诉、反映或者求助后，应当给予帮助、处理。因此，除了报警，还可以向施暴者或者自己所在单位、居民委员会、村民委员会、妇女联合会等单位投诉、反映或者求助。

5.果断离婚，开启新的幸福

如果你多次遭遇男人家暴，那么无论他多么信誓旦旦，都不要指望他改过自新，一定要果断、决绝地提出离婚。因为和家暴惯犯生活在一起等于脚踩地雷，时刻都有危险。其实，很多遭遇家暴的女人都明白这个道理，可是却因为孩子而迟疑、退缩，于是一忍再忍。殊不知，孩子生活在一个充满家暴的家庭环境中，他能健康、快乐成长吗？

所以，不管是为了孩子健康成长，还是为了个人幸福，女人都应该果断地离婚。即便你心里不想真的离婚，也要摆出"非离不可"的架势，这对男人而言也是一种强有力的威慑，让他知道你不是可以随便打骂的女人。

最后，还要提醒广大已婚女性，平时在男人面前不要总是唯唯诺诺，要学会独立自强、独当一面，让男人知道你并不是离不开他的。另外，在与男人发生矛盾、争吵时，要注意用词，切勿伤了男人的自尊心，激起他的愤怒；还要善于察言观色，知道什么时候该闭嘴，什么时候该妥协，懂得在对方情绪失控前离开，给彼此冷静的时间。

丈夫出轨，女人应该怎么办

随着社会的发展，人们的思想也越来越开放，男人出轨的现象似乎不是什么新鲜事儿了。在大多数女人的眼里，男人出轨都是十恶不赦的，出轨也成了夫妻离婚的主要原因之一，这种行为既伤害感情也伤害家庭，也让很多女人不再相信爱情。那么，万一丈夫出轨了，女人该怎么办呢？很多女人往往会采取以下几种不理智的应对方式：

方式1：自作聪明，想抓现行

不少女人在怀疑丈夫有出轨行为时，往往自作聪明地像侦探一样偷偷翻看丈夫的手机、钱包，或跟踪丈夫，想抓住丈夫出轨的证据。这些举动看似聪明，实则毫无必要。一旦这种偷摸侦察的行为被丈夫发现，就会被他指责为"疑心太重"。

事实上，当你觉察到丈夫不对劲时，往往说明他可能真有问题，既然如此何必要探个究竟呢？就算你亲眼所见丈夫出轨，难道你打算离婚吗？其实在这种情况下，聪明的妻子只需暗示、提醒丈夫即可，让他好

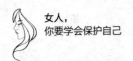
自为之，这样反而更容易促使他回头。

方式2：公开场合，大吵大闹

哪个女人发现丈夫出轨后，心里都不会好受，于是忍不住爆发，不分场合地和丈夫吵闹，比如，在大街上抓住丈夫和小三手牵手逛街，当街就对丈夫和小三进行辱骂，甚至跑到小三或丈夫的单位去闹。这一闹不仅毁了男人的面子和形象，往往也会毁掉婚姻的后路。闹过之后，小三不一定会离开，而你也会让丈夫心生怨恨。

方式3：网络发帖，痛骂小三

互联网时代，信息传播之快超乎人们的想象，这也给了那些遭遇丈夫背叛的女人一个有效的"维权"手段。我们经常能够在网络上看到关于痛斥小三的帖子，受害者把自己的不幸遭遇发布出来，引来一片围观和同情。更厉害的还有"人肉搜索"，这一招几乎让小三无处遁形。

殊不知，女人采用这种方式痛骂小三的同时，也是在公开自己的"家丑"。而且网络中不全都是你的同情者和支持者，还有你的质疑者和反对者，他们会以"一个巴掌拍不响"为由将矛头指向你，对你进行一顿批评甚至是污蔑，到最后你会受伤更深。另外，如果在网络上公开别人的隐私还可能涉嫌违法犯罪，所以女人们一定要特别注意。

方式4：哭哭啼啼，向父母告状

女人发现丈夫出轨后，本能地会想到向双方父母、兄弟姐妹告状，寻求亲情支持，希望他们出面声讨丈夫，劝说丈夫悔改。可是这种家庭隐私一旦在至亲面前公开，恐怕男人会觉得在家族中再也抬不起头来。而且有些不明事理的公婆还会站在自己儿子这边，指责儿媳妇不够贤惠，说他们的儿子出轨是被逼的，这更让人感到可气。

方式5：愤愤不满，找朋友倾诉

有些没主见的女人在发现丈夫出轨后，会向关系较好的朋友寻求帮助，尤其会找夫妻共同的朋友出谋划策。殊不知，别人很难设身处地地为你着想，很多人往往只是客套地说几句"劝和不劝离"的话。就算愿意出面劝说男人，那也是轻描淡写地暗示，因为这方面的话题外人不好直言相劝，而且这种事情一旦传到别人耳朵里，就很容易传播开来，会影响你和丈夫的形象。

方式6：正面开战，暴打小三

有些女人在发现丈夫出轨后，会先悄悄地调查小三的家庭住址、工作单位，还会叫上几个朋友或是七大姑八大姨，在某个时候气势汹汹地堵住小三，上演一场"痛打白骨精"的好戏。殊不知，这种行为会让原配非常掉价，试问哪个男人忍受得了这么泼辣的妻子呢？而且暴力伤人是违法的。如果小三报警，原配可能会被处以行政拘留，如果伤人严重，甚至可能被判刑。更重要的是，暴力解决不了问题，因为很多时候男人出轨的根源在于男人，而不在于小三。所以想办法从丈夫这里解决问题才是关键。

方式7：和平谈判，金钱摆平

有些女人发现老公出轨后，试图找小三和平谈判。可这种谈判从一开始，原配在气势上就落了下风，小三要么一本正经地解释："我和你老公只是正常朋友，真的没有你想象的那回事。"要么理直气壮地说："是你老公要找我的，我能怎么办呢？"要么公开叫嚣道："你有本事就管好自己的男人，别让他来找我呀！"试问，这样的话是不是在原配的伤口上撒盐呢？

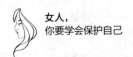
既然是和平谈判，那就得谈条件，有些女人见劝说小三没有效果，甚至会想到用金钱摆平小三，因为她们觉得当小三的人不就是为了钱吗？所以，她们会对小三说："只要你离开我丈夫，我给你一部分钱。"可这样做不是助纣为虐吗？而且小三拿了钱，真的能做到离开你丈夫吗？恐怕不一定吧！

真正有智慧的女人，绝不会在发现丈夫出轨后，采用以上任何一种方式去应对。她们会保持清晰的头脑和理智的思考，要么果断地和丈夫离婚，要么智斗小三，设法挽回丈夫，挽救自己的婚姻，打赢婚姻保卫战。以下几点建议，女性朋友不妨参考一下。

1.稳住情绪，调整心态

有智慧的女人知道丈夫出轨后，不会情绪激动，整天埋怨和指责丈夫，而是先稳住情绪，调整心态，思考下一步应该怎么去应对。这一步非常关键，就像打仗之前一定要冷静，要思考战略和战术。否则，仅凭头脑发热，冲动行事，哪怕有理有据，也是难以取胜的。

2.找出丈夫出轨的原因

有智慧的女人会思考：为什么我的丈夫会出轨？是我做得不够好，没有满足他的需求吗？还是外面诱惑太多，他没有经受住诱惑，一时失足出错？还是他已经不爱我了，想和我分开？

3.了解丈夫的想法和需求

通过对男人出轨原因进行分析，你会发现男人出轨的原因无外乎这两类：一类是一时冲动，和别的女人发生了一夜情；一类是和别的女人有了较深的情感，属于精神和肉体同时出轨。

对于第一类出轨原因，其实是可以原谅的。对于第二类出轨原因，你有必要和丈夫深入交谈，了解丈夫的想法：是和对方一刀两断，回归家庭，还是和对方继续下去，置婚姻家庭于不顾？如果丈夫的想法是前者，那你可以继续了解他的需求。其实，男人一般都需要被理解、被需要、被崇拜，如果你太强势，男人的尊严得不到维护，他就可能向外寻求满足。所以，了解清楚你丈夫的需求，对症下药才能更好地解决问题。

为了更好地满足丈夫的需求，你其实可以侧面了解一下小三，把小三当作一面警示的镜子，反省自身的问题，借鉴小三的优点，比如，温柔体贴、穿着精致、打扮得体、气质迷人，等等，这些就是你接下来要加强的方面。

4.有针对性地加强自身建设

大家都知道，男人是视觉动物，喜欢形象好、气质佳的女人。可是很多女人结婚后忙于照顾家人，却忽视了自我形象建设，于是慢慢地变成了"黄脸婆"。她们与男人在外面接触的精致女人相比，显然魅力远远不够，这样男人就很容易受到诱惑，产生想在外面找新鲜感的冲动。所以，女人想要对丈夫充满吸引力，想要永远留住丈夫的心，就需要不断加强自身建设，由内而外提高自己的气质和形象，不仅要懂得保养自己、打扮自己，还要多结交朋友，拥有自己的事业，每天都充实而精彩地活着。

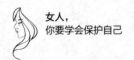
婚外情的高压线，女人千万不要碰

男人出轨是婚姻中最不可饶恕的行为之一，女人偷情亦是如此。相对于发现丈夫出轨后，女人一哭二闹三上吊的常规做法来说，男人发现妻子有了婚外情后，往往会怒火中烧，很容易情绪失控，甚至做出不理智的伤人行为，毕竟没有哪个男人受得了妻子给自己戴"绿帽子"。因此，婚外情是高压线，女人千万不要碰。

2015年12月4日晚上8点多，太原市某小区附近发生一起命案。太原市公安局小店区分局刑事侦查大队接到报警后立即赶往案发现场，发现一死一重伤，犯罪嫌疑人被民警当场控制。

经现场勘查和周围走访调查，得知这是一起因妻子婚外情引发的血案。案发前两个多月，凶手王某偶然发现妻子与男子康某有染，虽然他很生气，但并未深究此事，只是跟妻子进行了一番深入交谈，妻子也表示不再与康某来往。可事实上，妻子并没有收敛自己，还经常和康某在一起。王某多次与康某电话沟通，反遭到康某的嘲讽和恐吓，心中的怨恨日渐加深。

案发当晚，王某下班回到家中，发现只有两个年幼的孩子在家。经询问孩子得知，妻子随3名男子出去了，康某也在其中。王某立即给妻子打电话，接电话的却是康某，二人在电话中发生口角，而且康某再次威胁王某，王某大为恼火。随后王某多次给妻子打电话，但每次都是康某接电话，这让王某怒不可遏、忍无可忍。

当晚8点多，王某随身携带一把菜刀出门寻找妻子和康某。当他骑行至案发地时，恰逢妻子和康某手牵手走向一辆汽车。妻子和康某发现来势汹汹的王某后，立即慌忙逃跑，王某持刀追赶，向康某和妻子颈部、背部猛砍数刀，致康某死亡，妻子重伤。

近年来，随着人们思想开放程度的增加，婚外情也屡见不鲜，由婚外情引发的刑事案件也有所增多，严重影响了社会安定。上面的案例就是一起典型的因妻子婚外情而引发的悲剧，看完后不由得让人感慨：婚外情真是犹如高空走钢丝，又如在悬崖边行走，简直是命悬一线，稍有不慎就会粉身碎骨，妻离子散，家破人亡。

女人为什么会出现婚外情呢？其中的原因多种多样，也十分复杂。或情感需求、生理需求得不到满足；或丈夫不能满足自己的物质欲望，于是向外寻找能够满足自己这一欲望的男人；或酒后神志不清，被人诱惑，偶然失足；或逢场作戏，假戏真做；或因丈夫出轨，产生报复性出轨的想法……

其实，女人出轨的原因无外乎就是为了情、性、钱。无论哪一种原

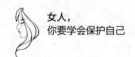

因，出轨都是不应该的。因为那意味着对婚姻的背叛、对家庭的伤害，会在丈夫心里留下一道抹不去的伤疤，留下无法治愈的伤痛。而且女人不管因为什么理由出轨，大都伴随着精神和身体的双重出轨，这与"下半身思考"的男人出轨是有所不同的。因此，女人出轨是绝大多数男人无法接受的，也注定不会有好下场。

下场1：离婚后单过

百年修得同船渡，千年修得共枕眠。从结婚时的夫妻恩爱走到离婚这一步，是谁都不想看到的。可我们不能否认，女人婚外情是很多男人无法接受的，除了离婚别无他法。而因婚外情离婚的女人，其个人形象会严重受损，和好男人再婚的概率也很低。而且还会遭人白眼，被人指指点点，舆论压力会把女人压得喘不过气来。因此，女人因婚外情离婚后单过的概率较大。

下场2：和情人重组家庭

女人因婚外情和丈夫离婚后，和情人重组家庭的情况也是有的，但是概率极低。原因很简单，我们不妨分析一下：假设女人出轨的对象是有家庭的男人，在婚外情事件曝光后，男人往往会弃车保帅，回归家庭。就算他和情人感情很深，也不可能置妻儿子女于不顾，背上一世骂名，被孩子记恨一辈子。假设女人出轨的对象是单身男人，就算这个女人最后和丈夫离婚了，这个男人也不会娶一个有婚外情史的女人，因为这会让他没有安全感，也会影响他的声誉。更何况男人出轨通常是为了图一时新鲜，满足一下生理需求，又有多少真情和深爱呢？

下场3：重回家庭

很多女人出轨后还是想重回家庭的，因为她们知道于情于理出轨都是错的，是不明智之举，自己的家庭、丈夫和孩子才是最重要的。只是这个时候，丈夫对她的信任度已经降至最低点，就算允许她重回家庭，表面上两人可以当作什么事情也没发生，可心里毕竟有个伤疤，在不经意间想起来，还会隐隐作痛。所以，就算女人出轨后重回家庭，也很难获得幸福。

所以，女人一定要守住婚姻的底线——忠诚，经营好自己的家庭。千万不要欲望不满，贪心不足，吃着碗里瞧着锅里，也不要轻易相信其他男人的甜言蜜语和小恩小惠。你要知道这个世界上，除了你的父亲和丈夫，其他男人对你好都是有所图的。因此，从一开始就要拒绝一切可能引发婚外情的东西。

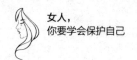
夫妻闹离婚冷战期间应注意什么

世界上没有任何一种感情可以做到永远相亲相爱、和谐相处，就连有着血缘关系的父母和孩子之间也免不了吵架和冷战，更何况是夫妻之间呢？要知道，夫妻原本是没有血缘关系，甚至互不相识的两个人，为了能够走进婚姻，彼此早已经历了思想上、性格上、习惯上、行为上等诸多方面的磨合。但无论怎么磨合，毕竟是有不同思想、不同性格的两个人，因此婚姻生活中产生矛盾和冲突实属正常，就算从冲突升级到冷战，再升级到闹离婚，也没什么稀奇的。只不过闹离婚的冷战期间，女人要懂得示弱，懂得自保，以防遭到极端伤害。

2018年7月13日上午，陕西省商洛市山阳县某镇一对年轻夫妻因闹离婚发生争执，丈夫持刀将妻子杀害。据了解，28岁的孔某与27岁的毛某结婚时间不长，尚无孩子。案发前两人因家庭矛盾升级到闹离婚，毛某暂住娘家，两人处于冷战状态。

案发当天上午，孔某去丈母娘家欲接妻子回家，可是妻子就是不答应，于是两人发生争执。在争执中，孔某抄起厨房的菜刀将妻子杀害，然后逃离现场，后经家属劝说投案自首。案发后当地卫生院、110接报警后立即赶往现场，诊断后发现毛某已无生命体征。

近年来，杀妻案件时有发生，这让很多原本对婚姻生活满怀期待的女性有所恐慌。在此想要提醒大家，对于夫妻闹离婚这件事，一是没必要恐慌害怕，毕竟杀妻案属于小概率的极端事件，正常情况下闹离婚大不了最后真离婚，不至于上升到杀人的程度；二是需要引起足够的重视，因为作为当事的一方，女人在夫妻闹离婚冷战期间采取什么样的态度去应对，直接关系到事件的走向。如果女人过于强势和执拗，在男人低头认错的时候依然不肯让步，不给男人一点儿台阶和余地，也不愿意去沟通，那么往往很容易伤透男人的心，也容易激化夫妻之间的矛盾，让事件变得不可控。

上面案例中的妻子毛某，在丈夫孔某上门接她回家时，如果适当地示弱，同意先跟丈夫回家，或者即使不想回家，但摆出温和、积极的态度去沟通，比如这样说："过两天你再来接我好吗？我想多在父母家住几天，我们需要再冷静几天。"这样夫妻之间也不至于冲突升级，也可能就能避免一起悲剧事件。

作为妻子，作为女性，大家一定要认识到自己是弱势的一方，在夫妻关系恶化，闹离婚冷战期间，女人既要懂得示弱，懂得保护自己，更要懂得积极沟通，千万不要一味地沉默、逃避、拒丈夫于千里之外，甚至言语刺激。即使你真想离婚，也要把事情说清楚，做到好聚好散，而

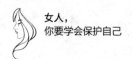
不能让男人一颗渴望修复婚姻裂痕的心长期悬在半空中，更不能做以下三件事，以免激化男人的不良情绪。

第一件事：始终保持高姿态

当夫妻关系恶化，处在闹离婚冷战期间时，很多夫妻为了所谓的颜面，不愿意主动去道歉，甚至都认为错在对方，这种想法和态度是很可怕的。因为大家都不低头，问题始终没办法解决。更可怕的是，当男人低头认错，甚至诚恳地挽留妻子时，女人却保持高姿态，始终不依不饶。试问，这样做除了伤人心，还有什么意义呢？

其实，只要夫妻两人还有感情，不管谁先低头又有什么关系呢？比起婚姻破裂和爱人离去，颜面又算什么？所以，如果你还爱对方，如果你不想离婚，那么请放下你的高姿态，学会低头，学会示弱。如果你做不到这些，那么在对方低头时，最聪明的做法就是借坡下驴，给对方面子也给自己台阶，这样可以快速打破冷战局面，缓和夫妻关系。

第二件事：拉黑对方联系方式

很多女人和丈夫吵架后会拉黑丈夫的联系方式，摆出一副老死不相往来和拒绝沟通的姿态。有些女人还会玩消失，一整天甚至连续几天不见踪影，让丈夫干着急，甚至父母都不知道她们去了哪里，让家人凭空担心又无计可施。

其实，这种做法是非常幼稚的，成熟的女人绝不会拉黑丈夫的电话和微信，也不会在对方拨打电话时直接挂断，她们明白逃避不是办法，化解夫妻矛盾靠的是心平气和的沟通。如果她们还没考虑好怎么去沟通，也会清楚地告诉丈夫："我还没想好怎么跟你沟通，请给我一点儿时间，我考虑好了会和你沟通的。"

在这里要提醒广大女性，在夫妻闹离婚冷战期间，女人可以去娘家暂住几天，但不建议在娘家居住太久，同时还应保持手机畅通，以便丈夫能够及时联系到你。而且如果丈夫去娘家接你，即使你不想回家，也要有话好好说，千万别激化矛盾。

第三件事：与其他异性交往密切

有些女人在和丈夫闹离婚冷战期间，为了向丈夫示威，或为了故意气丈夫，会和异性频繁来往，潜在意图就是告诉丈夫："你看，我根本不缺男人，就算和你离婚，我也能够很快找到新的对象。"殊不知，这种做法非常危险。

首先，这样做会严重刺伤丈夫的自尊心，甚至会让丈夫感到是一种赤裸裸的羞辱。其次，还会引起丈夫的胡乱猜测，认为妻子正是因为另有新欢才闹离婚的。这会加深夫妻间的误解，甚至会加速婚姻的灭亡。再者，那个和你频繁接触的男性，也会对你想入非非，甚至会趁着你和丈夫出现感情危机的时候占你便宜。

所以，无论夫妻关系恶化到哪一步，哪怕你们正在闹离婚冷战，也要注意自己的行为举止，要本着为家庭着想、为婚姻感情着想的态度，冷静分析夫妻关系恶化的原因，面对面平和地沟通，引导对方回忆起你们曾经的甜蜜时光，情到深处时可以尝试肢体接触，让彼此感受到对方的爱意。

第 7 章

保护好自己，才是对家庭最大的负责

　　每个女人都爱自己的家庭，也都对家人很负责，比如孝敬父母、疼爱丈夫、关爱子女等，但对家庭负责的前提是先要保护好自己：保持经济独立、处理好夫妻关系、婆媳关系，让自己平安、健康、快乐。这样的家庭才会幸福和谐。

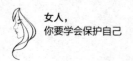
能否处理好婆媳关系，决定家庭的和谐程度

很多女人因为爱情和男人结婚，却因为婚后没有和婆婆处好关系而导致家庭矛盾重重。婆媳关系不好，不仅会给男人带来巨大的精神压力，也会使整个家庭变得复杂，甚至会导致夫妻离婚或母子反目。

当提到为什么自己和婆婆关系不好时，张丹首先想到一件事："两年前我生孩子时疼得直哭，婆婆却轻描淡写地说'没事儿，我生孩子时还大出血呢，忍忍就过去了'。"她认为婆婆冷漠无情，后来和婆婆在养育孩子方面出现了分歧，两人发生了争执，她冲动地对婆婆说："你还是回老家吧！"

对于婆媳关系问题，丈夫批评张丹不尊重老人，不知感恩，认为老人家给他们带孩子，没功劳也有苦劳。张丹却认为婆婆自以为是，育儿方法错误还不改，动不动就拿出以前的那套育儿经验，她还觉得丈夫不理解她，跟婆婆一起欺负自己。夫妻俩经常因婆媳关系问题发生争吵，而且动不动就提离婚……

郑洁和丈夫通过相亲认识，谈了不到半年恋爱就结婚了。刚结婚那段时间，夫妻二人因相互不够了解，在生活中难免有摩擦和拌嘴的时候。每当小两口吵架时，婆婆就跟郑洁站在一起，郑洁打心眼里感激婆婆，认为婆婆比较深明大义，懂得维护大局。

但随着时间慢慢推移，结婚五年后，郑洁觉得婆婆变了。当她与丈夫意见不合时，婆婆总是劝她顺从丈夫，不要和丈夫争吵，有时候还抱怨她太任性。这让郑洁认识到婆婆不是亲妈，就算以前维护自己，那也是装的，内心还是向着自己的儿子，继而与婆婆的关系变得不再融洽。

自古以来，能把婆媳关系处理好的家庭少之又少。婆媳关系处理得好，是家庭之幸；婆媳关系处理不好，整个家就会鸡犬不宁，家人离心离德。

俗话说："家家有本难念的经。"其中，婆媳经恐怕是最难念的，因为婆媳关系是一种很敏感的关系。婆婆虽然也是妈，却不像亲妈那样包容儿媳妇；儿媳妇虽然也是女儿，可却不像亲闺女那样体谅婆婆。也许正因为婆媳之间缺少了包容和体谅，所以婆媳之间的战火很容易一触即发。而一旦战火爆发，无论规模多大，都会在婆媳心中留下挥之不去的阴影。

那么，作为晚辈的儿媳妇怎样处理婆媳关系，才能让家庭更加和谐美满呢？

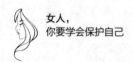
1.尊重婆婆

要想处好婆媳关系，重中之重是要尊重婆婆，千万不要对婆婆表现出不耐烦，或在婆婆面前摆臭架子，对于婆婆的关心视而不见、爱答不理。还要尊重婆婆的辛勤付出，千万不要动不动就抱怨婆婆卫生没搞好，或挑剔婆婆做的饭菜不好吃，或指责婆婆没把孩子带好，或责怪婆婆起得太早，影响你睡觉。婆婆也有自尊心，况且还是长辈，她们心甘情愿为这个家付出，却得不到你的好评，其心情可想而知。长此以往，婆媳关系势必会出现矛盾。

2.不要对婆婆期望太高

生活中，很多女人之所以容易控制不住地抱怨婆婆、挑剔婆婆，多半是因为对婆婆期望太高。正所谓"期望越大，失望越大"，如果你总是寄希望于婆婆搞卫生像你搞得那样干净，带孩子时像你带孩子一样细心和注意卫生，做的饭菜像饭店大厨做的那样秀色可餐，那你肯定会很失望。

婆媳是思想观念完全不同的两代人，各有各的行为方式，各有各的生活习惯，各有各的育儿经验，你期望婆婆和你想的一样、做的一样，那是不现实的。所以，聪明的女人不会对婆婆期望太高，她们懂得知足和感恩，知道婆婆为家人洗衣做饭，为小两口带孩子就已经非常不错了，她们哪有资格再去挑剔和抱怨呢？

3.主动分担家务

很多婆婆在家总是闲不住，洗衣、做饭、带孩子、打扫卫生、整理衣物等家务活几乎全包。可是作为儿媳妇的你，千万不要觉得婆婆喜欢做家务，就心安理得地在一旁躺着玩手机。如果想让婆婆更喜欢你，那你不妨主动分担家务，或在婆婆做家务时主动搭把手，帮着一起干。这样婆婆心里肯定会很高兴。就算你不愿意主动分担家务，也要懂得适时肯定婆婆的辛苦，或适当给婆婆慰劳，比如在婆婆做完家务后给婆婆洗个苹果，剥个香蕉，相信婆婆一定会很开心。

4.对婆婆要孝顺

虽然婆婆不是生你养你的父母，但婆婆养育了你的丈夫，才让你有了婚姻和家庭。所以，如果你真爱自己的丈夫，就要和丈夫一起孝顺他的父母。平时要主动关心婆婆的身体状况，经常陪婆婆聊聊天、谈谈心，倾听婆婆对儿女的唠叨。逢年过节，记得给婆婆准备礼物，或带婆婆逛街，给婆婆买衣服、买好吃的，或陪婆婆做些她喜欢做的事情，或适当给婆婆零花钱，让婆婆知道你心里有她，她自然也会把你放在心上，这样你们相处起来就会轻松很多。

5.不要斤斤计较

婆媳同在一个屋檐下，即使相处得再融洽，也免不了发生不愉快。有时候可能是婆婆无意间说的话惹得你不高兴，有时候可能是婆婆的某种行为让你感到受了伤。对于这些事，无论婆婆是有意的还是无意的，过得去的就让它过去吧，没必要斤斤计较。人无完人，谁都有做得不妥当的时候，作为晚辈何必太较真呢？否则只会把婆媳关系搞糟糕，让大家都不开心。

6.不要在人前说婆婆坏话

在我们身边，有些儿媳妇喜欢在人前说婆婆的坏话，有时并非真心诋毁婆婆，可能只是聊聊婆婆的不足或趣事，但经过口口相传，传到婆婆耳朵里可能就变味了，或者婆婆理解错了，认为儿媳妇在说自己坏

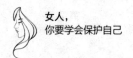

话,这样很容易在婆媳之间造成隔阂,严重影响婆媳关系。所以,聪明的女人一定不会在人前说婆婆的坏话,相反她们懂得以德报怨,就算婆婆在人前说自己的坏话,她们也会在人前说婆婆的好话。这样的话传到婆婆耳朵里,婆婆自然羞愧,也会对儿媳妇心生敬意。

婚后如何处理婆家与娘家的关系

女人结婚后，除了自己的小家，还有自己的娘家和婆家。对于这三个家，应该怎样处理它们的关系呢？有些女人摆错了位置，搞乱了关系，过于偏重娘家，还动辄说："我爸妈养我容易吗？我怎么不能帮娘家？"结果，导致婚姻关系危机重重，自己的小家和娘家也不复存在。

王锐和妻子雨涵结婚已有3年，两人婚前恋爱时间长达5年，感情基础很牢固，婚后感情也一直很好。婚后3年里，雨涵每年给娘家补贴几万元，王锐也不放在心上。因为王锐收入不错，也通情达理，雨涵家境不好，弟弟还没结婚，所以他觉得支援一下也是应该的。

可是最近雨涵那不争气的弟弟越来越过分，买车刚给他5万元，过了没几天他又说想要1万元给女朋友买个手机。看着补贴的钱越来越多，王锐意识到这样下去是个无底洞。

终于，王锐把心中的不满说了出来，可雨涵却一味地袒护弟弟：

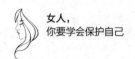
"我爸妈含辛茹苦把我养大不容易，现在他们年纪大了，不能给我弟弟经济支持了，我做姐姐的出份力帮我弟弟买车不是应该的吗？我弟弟谈恋爱花点儿钱怎么了？我总不能让他被女朋友瞧不起吧？给我弟弟生活费怎么了？那不只是暂时的吗？"

就这样，王锐和雨涵的矛盾彻底爆发，并演变为分居。

王锐放出狠话："如果你还这样袒护你弟弟，我们就离婚！"

雨涵也不肯示弱："娘家有困难我帮忙有错吗？让我对娘家不管不问，我绝对做不到，离婚就离婚！"

就这样，两人的婚姻走到了尽头。

案例中的雨涵由于没处理好娘家与婆家的关系，最后葬送了自己的婚姻，真是让人扼腕叹息。现实生活中，这样的女人并不少见，她们虽然嫁为人妻，有了小家和婆家，但是心中始终不忘娘家。在她们心中，娘家人说什么、做什么都是对的，娘家人提出什么要求都应该答应，有什么样的困难都应该帮忙，因为父母把自己养大不容易，所以帮衬娘家是天经地义的。

女人对娘家应该心怀感恩，应该出手相助，这一点我们并不反对，只是提醒广大女性，在你结婚之后，要处理好娘家与婆家的关系，不能过于偏向娘家，否则会让婆家和丈夫心理严重失衡，这对婚姻和谐是极为不利的。

再者，帮助娘家要具体问题具体分析，什么忙应该帮，什么忙不能帮，应该帮的忙也要量力而行，切勿打肿脸充胖子，明明实力不允许，还要硬撑着去帮娘家，结果把自己的小日子搞得一团糟。

当然，女人也不能结婚之后一心只想着小家和婆家，而忘了娘家。这样虽然能够快速融入自己的新家，却忽视了父母的感受，会让父母十分难过。那么，女人结婚后到底应该怎样处理婆家和娘家的关系呢？

1.一视同仁

女人要始终记住，赡养父母、孝敬长辈是儿女的职责，并不只是儿子的事。所以，即便你出嫁了，也要履行赡养父母的义务，尽到作为女儿的孝心。至于孝敬父母，你可以出钱，也可以出力。但无论出钱还是出力，都应做到兼顾娘家和婆家。比如，逢年过节给娘家父母多少钱或买多少礼品，也要给婆家父母拿多少钱、买多少礼品，一视同仁地对待他们，让他们觉得你没有偏心，这会增进你们之间的感情。

有些女人可能会说："公公婆婆说不用给他零花钱，不用给他们买礼品，那我该怎么办呢？"对于这种情况，其实你该给还得给，该买还得买，你要表现出十足的诚意，不给婆家留下口实。当然，如果你丈夫劝你没必要这样见外，那就听你丈夫的。这样即使婆家争理，你丈夫也可以出面调解。

2.少管闲事

女人嫁出去后，要想处理好和娘家人的关系，还要做到少管闲事。这是因为自古就有"嫁出去的女儿，泼出去的水"这一说法，意思是出嫁的那一刻，其实你已经不是娘家人了。娘家的事你也就没有发言权了。特别是娘家兄弟姐妹之间的事情，若非娘家人征求你的意见，你最好少插嘴，少做决定。如果你喜欢插手，喜欢管娘家的事，一旦没有把事情处理好，可能惹得娘家人一肚子意见，你里外不是人。

同样的道理，在婆家你也要坚持这条处事原则，因为虽然你嫁入婆

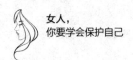

家，成为了婆家的一员，但由于你初来乍到，还未完全融入婆家，婆家人可能会把你当"外人"。在这种情况下，你说话是没有分量的。所以，为了不给人留下"喜欢指手画脚"的印象，避免让人讨厌，你还是少管闲事为妙。当然，如果你的丈夫或婆家人征求你的意见，你也可以适当发表看法，但点到为止即可，切勿把话说得太死。

3.有商有量

生活中，不少女人认为帮衬娘家是理所当然的，再说自己具备一定的经济实力，所以没必要和丈夫商量。而有些女人害怕丈夫不理解、不支持自己，私下瞒着丈夫，偷偷地帮衬娘家。殊不知，这是处理婆家与娘家关系的大忌。

女人要切记：你结婚后，你的财产是属于你和丈夫共同所有的，所以当你决定帮衬娘家时一定要多跟丈夫商量，这既是对丈夫的尊重，也是对婆家的尊重。这样做才容易换来丈夫对你的尊重，以及对你娘家的尊重，继而得到丈夫的理解和支持。

夫妻关系才是家庭关系的核心

没有哪个女人不是怀着对幸福的憧憬进入婚姻的，然而现实情况却是，不少女人结婚后并未真正感受到幸福，甚至从未拥抱过幸福。其中的原因究竟是什么呢？其实归根结底是没有处理好家庭内部的各种关系。

我们知道，一个完整的家庭是由各种不同类型的关系组成的，如夫妻关系、亲子关系、婆媳关系等。如果我们没有很好地处理这几种关系，家人之间就很容易出现矛盾冲突，我们就很可能与幸福失之交臂。生活中那些"问题家庭"和不幸的婚姻，往往与下面两种错误有关：

错误1：把婆媳关系看得比夫妻关系更重

女人嫁给男人之后，内心都希望和婆婆搞好关系，这种心理其实很好理解，因为女人总觉得自己初来乍到，和婆婆还比较陌生，如果不搞好婆媳关系，很可能遭受婆婆的冷眼，影响整个家庭的和谐。这种认识并没有错，因为婆媳关系确实很重要，但如果把婆媳关系看得比夫妻关

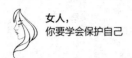
系更重，甚至刻意讨好婆婆，那么等待女人的结果不会太好。

原因很简单，因为女人初为儿媳和妻子，就无原则地放低自己，只会让自己显得卑微软弱，这样不但得不到婆婆的重视，你的付出还会被婆婆视为理所当然。久而久之，你在家中的地位就会很低微。如果再碰到老公不心疼你，那你后半生可就要做免费保姆了。

再者，也是最重要的一点，婆媳关系是在夫妻关系形成之后形成的，如果你不重视维护夫妻关系，一旦夫妻关系出了问题，那婆媳关系也不复存在了。事实上，对任何一个婆婆而言，最希望看到的还是自己的儿子和儿媳妇恩爱。因此，如果你把主要精力放在营造和谐的夫妻关系上，尽己所能扶持好丈夫，那么婆婆自然会尊重你，和你搞好关系。

所以，女人一定要记住：结婚后最需要关注的是自己的夫妻关系，而不是婆媳关系，不能把婆媳关系看得比夫妻关系更重要。你要相信，夫妻关系和谐，婆媳关系自然会水到渠成。当然，这并不是说婆媳关系不需要重视，不需要维护，而是说别搞错了夫妻关系和婆媳关系的优先次序。

错误2：把亲子关系看得比夫妻关系更重

在一次婚姻讲座上，主讲人问在场的听众："谁是你生命中最重要的人？孩子、爱人还是父母？"结果，三分之二的听众觉得孩子是自己生命中最重要的，只有六分之一的听众认为爱人最重要。还有少数听众认为，孩子小的时候，孩子是自己最重要的人，孩子大了之后，爱人是自己最重要的人。

为什么大多数人觉得孩子是自己生命中最重要的人呢？原因很简单，因为孩子是自己身上掉下来的肉，与自己有割不断的血脉联系。孩子从呱呱坠地，到牙牙学语和蹒跚学步，其成长路上带给父母太多欢乐，太多感动。因此，女人认为亲子关系比夫妻关系更重要，这种认识是可以理解的。

然而，从婚姻幸福的角度来看，如果女人把亲子关系看得比夫妻关系更重，看着夫妻关系出了问题也懒得去维系，懒得去经营，最后导致夫妻关系名存实亡，那么亲子关系再好，孩子也感受不到幸福。因为夫妻关系不好的家庭，要么充斥着争吵，要么暗藏着冷战，彼此没有爱的传递，没有关心和问候，家庭没有温暖，在这种家庭环境下长大的孩子不但感受不到幸福，还容易出现这样那样的问题。

蒋女士自述："我和丈夫经人介绍认识，婚后丈夫总是向着他妈，从不站在我的角度看问题，我们夫妻关系就此恶化。起初我也想过离婚，但后来我们有了儿子，于是我把精力都放在儿子身上。儿子小时候挺听话的，可是到了青春期开始叛逆，还背着我早恋。我得知情况后，把那个女孩约出来谈，希望她和我儿子暂时分开，以学习为重。可是不久后，儿子又谈恋爱了。当时我特别生气，当众扇了儿子一耳光。从此之后，儿子就不再理我，而且几乎不去学校，而是迷上网游，我真的不知道该怎么办！"

后来，蒋女士向儿子的班主任求助，班主任单独和蒋女士儿子谈话，儿子说："她口口声声说爱我，可是我不需要这样的爱，因为我没有一点儿自己的空间，我快要窒息了，我一点儿都不快乐。"

从这个例子中可以看出，蒋女士和儿子之所以感到痛苦，根源在于

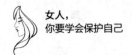
核心关系出了问题。在这个家庭中，亲子关系成了核心关系，孩子成了蒋女士唯一的精神寄托，夫妻关系则成了摆设，蒋女士希望孩子永远听话，永远活在自己的羽翼之下，否则就是大逆不道。然而，孩子的成长必然会走向独立，必然要与父母渐行渐远，而这是蒋女士不想看到的结果，于是冲突就产生了。

如果蒋女士从一开始就把夫妻关系放在第一位，和丈夫一起爱孩子，尊重孩子的成长，孩子很可能就不会活得没有空间，就不会感到窒息。所以说，只有好的夫妻关系，才能给孩子一个安全、温馨和健康的成长环境，才可能培养出积极向上的孩子。

综上两种处理家庭关系的错误做法，我们可以发现：在家庭关系中，夫妻关系才是家庭关系的核心。夫妻关系和谐，孩子往往就能快乐成长，然后父母参与到家庭中来，一家人就可以其乐融融。所以，女人一定要先处理好夫妻关系，照顾好自己的婚姻。婚姻幸福了，孩子和父母是最大的受益者；如果婚姻不幸，孩子和父母都要去埋单。

女人不要过于软弱，也不要过于强势

　　女人天生就比男人弱，这是女人与生俱来的特质，也正是这种弱让女人显得温柔、可爱，令人怜惜，需要被人疼爱。但柔弱不等于软弱，因为软弱是懦弱，是胆小怕事，是不敢维护自己的权益，是缺乏自我保护能力的表现。无论是在职场中，还是在婚姻里，过于软弱的女人往往会落入"人善被人欺"的境地，这是对他人的纵容，更是对自己的残忍。

　　有个女人和丈夫感情不好，因为丈夫不务正业，喜欢赌博，把家里仅有的积蓄输光了仍不思悔改，又借钱继续赌博。女人想过离婚，但狠不下心，其间也多次与丈夫分居，想给丈夫悔改的机会，可在丈夫的威胁下她无奈地又回来，继续拼命工作给丈夫偿还赌债。就这样反反复复、分分合合、吵吵闹闹多年，女人受尽折磨，心力交瘁，当她终于狠下心来说出"离婚"二字时，却被丈夫不由分说地痛打一顿……

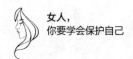

看到案例中的女人饱受痛苦与折磨却不敢反击时，我们只能哀其不幸，怒其不争。很多时候，女人个性软弱与其说是善良，倒不如说是懦弱、窝囊。你那么懦弱可欺，不懂得珍惜你的男人不欺负你还能欺负谁呢？千万别指望欺负你的人良心发现，他若有良知，早就懂得尊重你、心疼你了。

所以，女人千万不能过于软弱，不要总想着依附于男人，更不能觉得没有男人就无法幸福地活着，而要保持自信、自立和自强，要不断强大自己、提升自己，通过经济独立让自己活得更有骨气，更有尊严，这样的女人才更值得男人尊重。归根结底，女人要有自我，不依附别人，这才是女人该有的样子。

生活中，还有一些女人走了另一个极端，那就是表现得比较强势。然而，强势的女人虽然自带保护伞，可在婚姻中并不讨人喜欢。因为强势往往伴随着掌控，伴随着高压，伴随着自我，会给男人很大的心理压力，让男人压抑得喘不过气来，终究有一天会激起男人的反抗。这不仅会严重影响婚姻幸福，还可能给人身安全带来危险。

曾经，河北某大学怀有8个月身孕的女教师石某被丈夫左某杀害，案件一经报道震惊四方，让人大惑不解。后来在法庭上，左某称妻子石某性格较为强势，一度让他感觉生活压抑。左某说，石某曾要求与他订立很多协议，比如，过年必须在她家过，孩子必须归她一人所有，房子的产权人必须写她的名字。

最让左某无法理解的是，石某居然要求让他与患有残疾的哥哥断绝兄弟关系。左某表示，哥哥虽然患有残疾，但一直以来都很照顾他，两人手足情深。左某承认，正是这些毫无道理的强势要求，让他觉得自己没有得到作为丈夫应有的尊重，让他失去了一个男人最起码的尊严，所以他才痛下杀手。

过于强势的女人很难得到男人的真心，因为太强势的女人总是咄咄逼人，总是想着如何掌控男人，这会让男人产生强烈的逆反心理和抗拒情绪。在婚姻中，强势的女人或许能够掌控男人和财富，却无法掌控婚姻的幸福与否。她们表面上看起来"春风得意马蹄疾"，可大多是人前无限风光，人后寂寞悲凉；人前欢声笑语，人后黯然神伤；人前穿着不凡，人后憔悴惆怅。

不仅如此，女人太过强势还会影响孩子性格的发展，影响整个家庭关系的和谐。试想一下，孩子整天生活在妈妈的高压之下，怎么能够享受到轻松快乐的童年呢？怎么能感受到母亲的温柔和母爱的温暖呢？将来他们长大了，又如何懂得给别人柔情和关爱呢？一家人长期在女主人的掌控下，又怎么能够感受到家的温情呢？

所以，为了婚姻幸福，为了亲子关系和谐，为了一家人和睦，女人一定要学会收敛那颗趾高气扬的心。要学会尊重男人，给男人留面子，尤其是在亲友面前，切勿和男人一争高下或以势压人；要学会给男人适当的空间和自由，不要总想着管住男人，而要想办法提升自己的魅力牢牢地吸引男人；要学会示弱和撒娇，展现自己的似水柔情，激发男人天性中对女人的保护欲，激励男人的勤奋上进之心，让他心甘情愿为家人、为你而打拼。这样的女人才会让男人欲罢不能，永远爱不够，这样的女人才更容易享受到婚姻的幸福和家庭的快乐。

第 8 章

女人，最好的防卫武器是自己

　　相对而言，女人是社会的弱势群体，面对危险和伤害时更需要男性的保护，但实际上女人身边不可能永远有男人陪伴，更多的时候女人还是要靠自己来保护自己。因此，提高自我保护意识，掌握自我保护技能，培养强大的心理素质，才是女人最好的防卫武器。

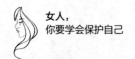
内心强大是保护自己最强有力的武器

一直以来，女性都是社会的弱势群体，也很容易受到不法分子伤害。由于男女力量悬殊，面对不法分子的侵害时，女性单凭一己之力很难做出抵抗。因此，女性想要保护自己，更需要个人的防范意识和临危不惧、从容应对的强大内心。

2021年3月27日晚，广州的陈女士下楼取东西的途中发现身后有3名陌生男子尾随，出于本能的防范心理，陈女士决定赶紧返回家里。当她走进电梯正犹豫要不要摁下楼层号时，3名男子中的一名男子尾随进了电梯，见此情形，陈女士毫不犹豫地走出电梯。陈女士心里很清楚，这个时候不能回家，因为家里没人，于是她灵机一动，哪里人多就往哪里走，并且边走边给朋友打电话，还故意大声地聊天。3名男子见状放弃了尾随。

回家后，陈女士拨打了报警电话，民警调查监控后表示，3名男子形迹可疑，确实有不良企图，并对陈女士的表现给予了高度肯定。事后该视频在网络上传开，网友们纷纷为陈女士点赞，称其做法堪比教科书。

面对危险情形，陈女士能够冷静应对，这不得不说她的心理素质很强，智慧过人。倘若不能沉着应对，冷静处理，面对3名陌生男子，陈女士怎么会是他们的对手呢？这个案例也充分说明内心强大是女人保护自己最强有力的武器。

内心强大的女人往往意志坚定、独立性强

这种独立而坚定的女人，会自带一种强大的气场，让不法分子不敢轻举妄动。比如，有些女人走路时昂首挺胸，充满自信，目光坚定，让坏人不敢与之对视。这样的女人一看就不是任人宰割的羔羊，不法之徒自然望而却步。

内心强大的女人处事不乱、遇事不慌

这种镇定从容的心态让其能够冷静思考对策，而不是头脑发热、盲目行事。生活中，有些女人面对危险时慌不择路，即使求救的机会就在眼前，也不知道如何去抓住。比如，面对不法分子的跟踪，不知道往人多的地方走，如广场、超市、地铁等，而是一味地按照既定的路线行走，最后走投无路，被歹徒控制，受到伤害。

内心强大的女人懂得示弱，知道什么时候该强硬，什么时候该示弱

因为她们知道，有时候示弱是对自己最好的保护。比如，热播韩剧《梨泰院class》中的女主角金多美在面对混混的纠缠时，没有逞强蛮干，而是主动示弱，让男主角帮助自己，最后顺利脱险。而面对同学被他人霸凌时，她没有直接冲上去教训霸凌者，而是拍摄视频发布到网

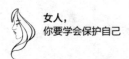

上，用舆论打倒了那些霸凌者。

现实生活中，有些女性被伤害的案件本来是可以避免的，但就是因为女性当事人不懂得示弱，贪图一时口舌之快，忍不住和别人争辩、争论，甚至咄咄逼人，结果激怒对方，惹来杀身之祸。比如，女性乘坐网约车时，和司机因为几块钱的车费问题争吵；出门在外，因为别人不小心踩了自己的脚而喋喋不休，得理不饶人；在家庭生活中，和丈夫争吵时不懂得察言观色，眼看丈夫已经怒火中烧了，还在出口伤人，结果引起不必要的伤害。这些都是不懂示弱造成的。表面上看，这类女性好像很要强，但实际上这种做法却不能保护自己。相反，越是内心强大的女人，越懂得怎么保护自己，越懂得什么时候应该示弱。

内心强大的女人不会轻易被挫折打倒，不会在挫折中消沉

相反，她们会将挫折视为磨炼，视为人生的必修课，在挫折中提升自己的心智，让自己变得更加成熟。生活中，心理脆弱的人在遭遇事业打击、情感挫折、婚姻变故之后会变得自暴自弃，从而放纵自己，得过且过，而内心强大的女人会从失败和打击中总结经验，提炼人生的智慧，让自己越活越从容，越活越优雅。

自我保护意识比自我保护技巧更重要

生活中，很多意外其实并不是真正的意外，很多危险也不是我们应付不了，恰恰是因为"没有意识到那是危险"而走进危险之中，这种无意识的涉险才是最危险的。尤其是对广大女性来说，一旦涉险或被不法分子控制，往往很难逃脱。因此，女性的自我保护意识比自我保护技巧更重要。

一天晚上7点左右，玲玲和媛媛去超市购物，回来的途中遇到了一位老奶奶，老奶奶对她们说："姑娘们，我好饿啊，你们可以给我点儿钱让我买些吃的吗？"由于平时用手机支付较多，身上没有带现金，玲玲只好对老奶奶说："老奶奶，不好意思，我们没有带现金，但我包里有糕点可以给你吃。"

老奶奶说："哎呀，不行，我血糖高，不能吃糕点。这样吧，附近有家小餐馆，你们帮我在那儿买些吃的吧。"

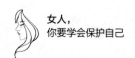
听到这话，媛媛有些迟疑，但玲玲还是拉着她跟着老奶奶来到了一个小胡同。媛媛看了一眼胡同里的小餐馆，感觉有些不对劲，于是拉着玲玲准备离开，这时老奶奶却叫住她们："姑娘们别走，往这边来！"媛媛猛地一回头，发现老奶奶身后站着3名男子，旁边还有一辆面包车。她感觉更不对劲了，马上拉着玲玲离开，没想到那3名男子立即跟了上来。庆幸的是，媛媛和玲玲跑到了人多的地方，3名男子才无奈地离去。

经常看到光天化日之下拐卖儿童、拐卖少女的新闻，很多人觉得这类新闻离自己很遥远，其实不然，它可能随时在我们身边发生。上面案例中的玲玲和媛媛，就差一点儿遭遇类似的危险，若不是媛媛自我保护意识强，单纯的玲玲可能难逃一劫。通过这个案例可以看出，自我保护意识对女性来说有多么重要。

强烈的自我保护意识对女性来说就像一道安全防护网，可以将很多危险隔离开。反之，若女性缺乏自我保护意识，那么遭遇危险的概率就会大大增加，最后能不能化险为夷就很难说了。对于女性来说，要想提高自我保护意识，必须先要搞清楚危险情况的组成要素。一般来说，危险情况包括两个要素：危险源和危险环境。

要素一：危险源

所谓危险源，指的是可能引起财物受损、人身伤害的根源。危险源分为两种：一种来自个人因素，比如，女性穿戴过于暴露，动作过于妩媚妖娆，容易引起某些男士的不轨行为，或待人处世方面有所欠缺，比如说话尖酸刻薄，容易引起人际冲突、引起他人的愤恨；还有一种危险源，属于非个人因素，更多来自外界和他人，比如穷凶极恶的歹徒或其他坏人故意伤害你，他们并不在意你的穿着和待人处世方式，只是对你有所企图，这就完全属于意外了，一般很难提前预防。

那么，女性怎样才能远离危险源呢？

1.言行举止不能太随便

在日常生活中，女性的言行举止不能太随便，不要表现得太开放，不然会让男性误解，甚至认为你是个水性杨花、随随便便的女人，从而增加你被侵害的概率。比如，不能和男性讲荤段子、打情骂俏，不能和男性勾肩搭背等。

2.以和为贵，和谐相处

生活中，有些女性说话用词尖酸刻薄，处处充满攻击性，不给别人一点儿台阶下，这很容易得罪人，甚至会让人记恨在心。万一哪天碰到性格暴躁、性情偏激的人，就可能招致人身伤害。所以，提醒女性朋友们：与人相处要以和为贵，嘴上留情，给人面子，也是自我保护的一种技巧。当然，万一不慎惹怒他人，最好第一时间道歉，运用对方的同理心消除矛盾，力求自保。

要素二：危险环境

古人云："君子不立危墙之下。"意思是要远离危险的地方，因为当你处于一个危险的地方时，即使你拥有再强的能力、再过人的智慧，也难以保证自己全身而退。所以，保护自己最好的策略是防微杜渐，远离危险环境。比如，尽量不要去酒吧、夜店等娱乐场所，晚上不要独自出门，更不要去黑暗的地下停车场或人流较少的小巷，不要独自去人迹罕至的荒郊野外等。

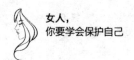
2020年7月，四川女大学生黄某独自背上行囊，踏上了去往可可西里无人区的旅行之路，可这一去就再也没有音讯。数日之后，人们找到了她的身体残骸。关于黄某为何进入无人区，又是怎样死亡的，我们无从得知。但是这里要提醒大家的是：一个女子独自进入无人区，这无异于自寻死路。

当然，危险环境并非一成不变的，而且有些危险环境是不受我们控制的，比如，乘坐的大巴车突然落水、火车脱轨、飞机失事等。

那么，要想远离危险环境应注意什么呢？

1.尽量不要单独走夜路

无论是下班回家，还是晚上出门办事，最好不要一个人走夜路，而要找人陪同。若不是特别紧急的事情，最好白天处理，而不要放在晚上，以免给坏人留下可乘之机。

当然，一个人出差、出远门也是不提倡的，实在无法避免，也应注意加强自我防范，走路的时候不要低头看手机，而要抬头挺胸，保持自信，眼神坚定，同时要时不时地关注周围的环境和身后的情况。

2.远离形迹可疑的男性

当你走在路上，发现陌生男子长时间打量你时，你就要小心了。不管对方长得多么面善，多么帅气，多么有绅士风度，你也不能放松警惕，小心他是"披着羊皮的狼"。对于这种情况，一定要想办法甩掉他，改变路线，或进入人多的场合，或更换交通工具，总之要尽早远离他。

此外，女性要想保护好自己，还应注意以下几点：

不要随便接受男性的礼物。因为没有无缘无故的"好"，男性送你礼物，往往不是求你办事，就是想和你处朋友。你收了人家的礼物，如果最后不接受他的求助或求爱，他可能对你产生恨意和报复心，危险也就由此产生。退一步说，即使不被伤害，但拿人手短，也会让你变得很被动。

不要随便吃陌生人给的东西。特别是陌生人递给你的饮品，一定要留意是否动过手脚。当你的饮品离开你的视线后，最好不要再喝了。比如，聚餐期间去了一趟洗手间，回来最好倒掉杯子中的饮品。

晚上睡觉关好门窗，独自在家时，听见敲门声不要轻易开门，而要先从猫眼打探门外情况，遇到送快递或送外卖的，可让对方将快递放在门口。网络购物时，不要留下确切的家庭住址。

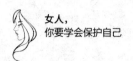
女人有必要学习几招实用的防身术

我们知道，女人之所以容易被不法分子盯上，是因为女人相对于男人而言属于弱势群体，更容易让他们得逞。那么，假设女人强身健体，再学几招防身术，是不是可以有效地保护自己呢？答案是肯定的。

说到女子防身术，网上疯传各种擒拿术，这些擒拿术看似威力十足，但是想要练好并不容易。即便经过专业训练，掌握了这些擒拿术，在面对危急情况和意外伤害时，女性朋友也未必能从容发挥；而且在男性强大的力量面前，花拳绣腿往往扛不住。下面这个例子就能很好地说明这个问题。

宋佳的闺蜜张某曾在正规武术馆练过两年防身术。有一天晚上张某在回家的路上遭遇到抢劫，她仗着自己学过防身术，于是毫不犹豫地和匪徒打了起来。但由于她在反应能力和身体力量上与劫匪差了太多，而且事发突然，她也没有太多的心理准备，结果不但被抢劫了，而且还被劫匪一记重拳打在脸上，导致右眼间歇性失明，落下了严重的后遗症。

为什么不少专业运动员平时训练有素，可是上场比赛时却不能发挥正常水平呢？很重要的一个原因就是紧张，紧张导致思维停滞，甚至大脑一片空白，这也是为什么很多女性在危急时刻只会本能地哭喊，束手无策。所以说，学习防身术的关键不在于掌握多少单打独斗的技能，而在于拥有强大的心理素质，同时掌握最基本的、最实用的招数，确保危急关头能给不法分子致命一击，从而脱离险境，绝处逢生。

曾有这样一则新闻：

一位女子晚上路过某偏僻之地，被一男子劫持。男子欲强奸女子，女子知道此时喊破喉咙也无济于事，只好强迫自己冷静下来。女子对男子说："大哥真想玩，也不能在大路边吧！"男子听女子话里有话，一下子放松了警惕，于是拉着女子往不远处的灌木丛走。到了灌木丛，男子迫不及待地抱着女子亲了起来，女子也很配合地和对方接吻。突然女子找准机会，猛地用力咬了一下对方的舌头，在对方疼痛大叫的瞬间，女子转身跑掉了。

此案例中的女子反击手段堪称经典，她既没有哭喊求饶，也没有呼喊救命，更没有硬碰硬地和对方殊死搏斗，而是假装迎合，让坏人放松警惕，趁机再给予对方致命一击，最后全身而退。这才是真正实用的防身术，关键时刻让自己化险为夷。当然，此类防身术要抓住有利时机，在确保自身安全的前提下进行，以免遭到歹徒更大的伤害。

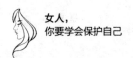

那么，对于女性来说，除了"咬"术，还有哪些简单易掌握、实用见效快的防身术呢？

1.装术

面对敌强我弱的现实，女性一定要学会示弱和伪装自己，示弱不是放弃抵抗，而是为了尽量保护自己不受伤害，通过假装服从、曲意迎合来降低不法分子的攻击性，消弱对方的警惕性，为后面寻找机会对不法分子实施致命一击做好铺垫。"装术"虽然不能直接对不法分子实施攻击，却是很多反击手段的配合手段，它可以配合其他手段发出有力反击。

比如，上面案例中的女子说"大哥真想玩，也不能在大路边吧"，这就是在运用假装同意的手段给不法分子下套。再比如，有位女子被不法分子控制，即将被强奸时，她哭着说："你这样对我，我以后怎么嫁人呢？大哥你有对象吗？如果没有，咱们先处对象吧？"这番话一出口，一下子就让不法分子放松了警惕。

2.撒术

面对危险情形时，你可以就地取材，抓一把泥土、沙子等撒向不法分子的面部，趁对方睁不开眼时，赶紧往人多的地方逃跑，边跑边大声呼救。要知道，不法分子本来就做贼心虚，当你出其不意地反击，并大声呼喊救命时，对方无论是在心理上还是在气势上都处于下风，因此往往不得不收手。对于城市女性来说，为了防止不法侵害，可以事先在衣袋里、包里准备一些食盐，以便关键时刻派上用场。

3.踹术

面对不法分子侵害时，如果你穿了高跟鞋，特别是那种尖头或细跟的鞋子，完全可以趁不法分子不注意，猛地用力踹对方的小腿、大腿，或用力跺脚，踩对方的脚面。也许你不知道，一个成年女性用力跺脚时，鞋跟爆发出来的力量超过50千克/平方厘米，这种力道是惊人的，足以让不法分子疼得上蹿下跳。这时你可以乘对方疼痛大叫时迅速逃跑。

4.戳术

了解中国武术的人都知道"二指禅"的威力，但这一武术招式很难练就，对普通人来讲更是如此，不过这种指法却可以用来防身。那就是在面对不法分子的侵害时，瞅准机会，伸出两个手指，猛地戳向不法分子的双眼。此招一出，估计不法分子的双眼可能瞬间失去视觉能力，这时就可以溜之大吉了。

5.踢术

面对不法分子侵害时，你可以趁其不备，猛地踢对方的要害部位——裆部。需要提醒的是，这一招虽然威力十足，但如果你身体瘦弱，腿部力量有限，还是慎用为妙。因为没有力量的踢裆并没有什么攻击性可言。当然，如果时机成熟，你还可以用膝盖顶击对方的裆部，这相比于踢裆更有杀伤力。

6.抓术

很多女人喜欢留长指甲，关键时刻可以发挥长指甲的优势，疯狂地抓挠不法分子的面部、颈脖。抓的时候要抓得狠、抓得死，将其面部抓破，抓得对方睁不开眼，只能奋力去抵挡。这样做还能达到在对方面部留下证据的目的，而且你的指甲也会留下对方的生物组织，这也可以为警方破案留下证据。

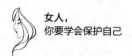

　　值得注意的是，使用这一招术的前提是，你能断定不法分子没带凶器，而且相对来说不是那么凶残。比如，他只是对你拉拉扯扯，搂搂抱抱，想占你便宜，或想控制你的行动自由等，并非穷凶极恶的暴徒。否则，这一招对凶残的不法分子如同隔靴搔痒，起不到什么作用，反而会激怒对方对你狠下毒手。

会用这些防身武器，关键时刻能救命

很多女性朋友在面对意外伤害和暴力袭击时，只会表现得惊恐无助、束手无策。其实，女人只要保持警惕之心，面对危险时能够冷静处置，善用触手可及的防身武器，就可以让自己顺利脱险。

接下来，我们就来介绍一下女性常用的防身武器，看看都有哪些？

1.手提包

大多数女性出门在外，都会带个挎包或手提包，里面装着手机、化妆品、证件、钥匙等。这类包包材质较硬，能在一定程度上抵挡利器的戳刺，遇到紧急情况时，可以把包包当作盾牌，挡在身体要害部位，用以保护自己。

2.钥匙

钥匙几乎是每个人出门必带的物品，而且大家常常带着一串钥匙，或放在口袋里，或放在包里。因此，钥匙是每个女人都用得上的防身武器。钥匙具有体积小、攻击性强的特点，面对不法分子的攻击时，我们

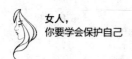
可以用拳头包住钥匙，然后在指缝中露出钥匙的尖角，用来攻击不法分子身体较软的部位，比如手背、大腿内侧、鼻子、嘴和面颊等。

需要注意的是，使用钥匙反击时，最好不要去打击不法分子的脑门，因为人的脑门较硬，而女性的力量有限，即便出击也无法造成多大的杀伤力，反而可能弄伤自己的手。而且不是性命攸关之时，最好不要用钥匙攻击对方的眼睛、喉咙，否则容易造成防卫过当。

3.手机

现代社会，手机和钥匙一样，每天和大家如影随形，是大家出门必带的随身物品。关键时刻，手机也可以成为一种防身武器。因为手机的外壳比较硬，当你握住手机的一端，留出大概一半的部分，手机就可以被当作防身的武器。虽然它不像匕首那样尖锐，但是当你用手机打击不法分子的面部、膝盖、小腿胫骨等部位时，也可以制造一定的杀伤力。

4.香水

不少女性的包里会装着一小瓶香水，以便需要的时候喷一下，制造迷人的香气，增加自己的魅力。可很多女性朋友并不知道，香水其实有防身作用，那就是在危急时刻可以充当防狼喷雾。因为香水中大都含有一定量的酒精，如果不慎进入眼中，会造成眼部不适，甚至令人无法睁开眼睛。所以，遇到歹徒攻击时，赶紧拿出香水朝对方的面部喷几下，然后撒腿逃跑。另外，香水瓶子一般是用玻璃制作的，危急关头还可以充当"暗器"砸向歹徒的面部。类似的其他瓶装化妆品，也可以当作暗器，关键时刻用来防身。

5.梳子

很多女性会在包里装一把小梳子，以便需要的时候梳理头发，整理容颜。殊不知，梳子也可以作为防身武器，用来反击歹徒。因为梳子的梳齿很尖利，可以用梳子猛刮歹徒的面部、脖子，不仅可以对歹徒的身体造成刮伤，还会使歹徒留下痕迹，以利于警方追缉嫌犯。梳子的种类很多，有些是木质的，有些是硬塑料材质的，有些甚至是金属材质的，女性可以根据需要购买一把装在包里，平时用来梳头发，关键时刻用来防身。

6.粉盒

女性的包里往往少不了粉底、粉盒这类化妆品，关键时刻，可以将粉盒打开，直接将里面的粉撒向歹徒的眼睛，然后趁机逃脱。

7.笔

有些女性的包里会带着笔，比如签字笔、圆珠笔、钢笔等，或包里带着化妆的眉笔。在遇到歹徒时，可以将书写的笔或眉笔作为防身武器戳向对方的手臂、面颊，然后再趁机逃跑。笔杆质地坚硬，大小适合握在手里，用来防身非常方便。另外，市面上甚至有"战术笔"销售，这种笔由书写端、攻击端和笔身三部分组成，它既有普通笔的书写功能，也有防身的作用。因为它的攻击端一般由硬质合金钨钢制成，非常坚硬，具有一定的防身效果。

8.雨伞或遮阳伞

下雨天或炎炎夏日，女性出门时，一般都会携带雨伞或遮阳伞。无论是短柄伞还是长柄伞，危急时刻都可以当作棍棒来作为防身的武器。尤其是长柄伞，既是一个很好的隔挡武器，也是一个很好的进攻武器。雨伞撑开，可以抵挡不法分子的进攻，为自己赢得躲闪空间和逃跑时间。另外，还可以用它打击不法分子持刀的手腕，或者用它直接戳向对方的面部、喉咙或腹部，也可以像棒球棍一样挥舞，攻击不法分子的头

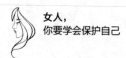
部、肋部和胫骨等。

9.饮料瓶

出门在外，有些人会带着保温杯，方便随时喝水。如果没有带水，渴了也会买瓶装水喝。别看不起眼的饮料瓶或保温杯，在遭遇歹徒袭击的时候，也可以用它们来防身。因为饮料瓶是椎体状，椎体最尖和最硬的部位是瓶盖儿部分。因此，我们可以用这个坚硬部分打击歹徒的要害部位，如咽喉、双目、心窝等，特别是当瓶子里有较多的水时，打击力度会很大。还可以将饮料瓶作为"暗器"出其不意地抛掷出去，以分散对方的注意力，争取逃跑的时间。当然，如果是保温杯，那么防身的效果会更好。因为保温杯通常是用不锈钢或玻璃材质制作的，非常坚硬，且有一定的重量，打击力度会更大。

发生了大事，应当和另一半商量

　　每个女人的一生或多或少都会遭遇一些挫折和不幸，小的挫折可以自行消化，大的不幸往往需要倾诉，需要他人出谋划策和精神支持。婚前，当你遭遇不幸时，父母是你的智囊团，是你治愈创伤的良药；婚后，丈夫则是你最大的依靠，也是帮助你战胜困难的好军师。因此，无论发生了什么事情，都应该对丈夫坦诚相告，和丈夫多商量。

　　2018年5月25日晚上11点半，四川遂宁市一女子王某因和丈夫吵架，独自一人到高速路出口外的凉亭散心，谁知一双大手突然从背后勒住她的脖子，将其拖入一块荒地内。男子要求王某交出现金就放她走，王某吓得立即求饶，称自己怀有身孕，希望对方不要伤害自己。由于出门没带现金，王某表示愿意将微信中的200元转给他。

　　男子得知王某已怀孕，态度马上改变，将她扶起来并不断道歉。男子告诉王某，他的妻子也是有孕在身，而且即将临盆，可自己没本事，

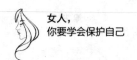
赚不到钱，在工地上班几个月又未领到工资，所以才想办法出来打劫。

王某对男子好言相劝，男子连连点头并承认自己一时糊涂。为表达自己诚恳的道歉之心，男子还留下自己的手机号码，让王某有事尽管联系他。

回家后，王某把自己的遭遇告诉了丈夫，丈夫吓出一身冷汗，赶紧让妻子拨打报警电话。警方根据"天网"监控和手机号码，很快就找到了抢劫王某的男子李某。民警经过核实，发现男子跟王某说的都属实，考虑到李某认错态度诚恳，且未对王某造成伤害与损失，根据法律规定，免除对李某的处罚。

在这个案例中，尽管王某和丈夫吵完架还在气头上，但她依然把自己的遭遇坦诚地告知了丈夫。如果不是丈夫提醒她报警，可能她就此作罢。事实上，报警对劫匪李某也具有积极的意义，可以促其警醒，让其彻底改过自新。因此，王某的做法是明智的。

遭遇抢劫、人身攻击、恶意威胁这类事情时，女人都会毫无保留地告诉丈夫，让丈夫替自己想办法应对，可是有些事情女人却会有所顾虑，不敢对丈夫声张。比如，遭遇职场性骚扰时，女人害怕丈夫知情后质疑自己的人品，因此往往会选择默不作声。我们不否认现实生活中有这样的男人，面对遭遇不幸的妻子，第一时间不是关心安慰，思考应对之策，而是质疑妻子。但大多数男人不会这样做，因为妻子是怎样的人他们心里清楚。

李娅是公司的行政接待人员，平时和领导一起拜访客户、接待客户的时候比较多。有一次，李娅和公司领导一起陪客户吃饭时，领导喝醉了酒，她只好开车送领导回家。

上车后，领导靠在座位上眯着眼，有意无意地摸李娅的胳膊。李娅马上把领导的手拿开，并提醒道："领导喝多了！""不要这样啊，会干扰我开车的，很容易发生交通事故。"

终于，李娅把车开到了领导家小区的地下停车场，这时领导好像清醒了不少，但他没有回归理智，而是变本加厉地从后座双手抱住李娅说："小娅，我好喜欢你啊！"李娅奋力挣脱，打开车门跑开了。

回家后，李娅本不想把这件事告诉丈夫，但细心的丈夫却发现她的情绪不对。再三追问下，李娅把整件事和盘托出。本来以为丈夫会责怪自己，或生气地质问自己，但没想到丈夫面带羞愧地说："对不起，都怪我没用，还让你出去上班，这工作你别干了。我宁愿苦一点儿累一点儿，也不让你再受委屈。"

听完丈夫的话，李娅特别感动，原本想辞职的她反而打消了辞职的念头，她对丈夫说："其实没多大的事儿，估计领导喝多了，以后我尽量避开他喝醉的时候，如果应酬太晚，我打电话叫你去接我就行。"丈夫同意了李娅的想法，并叮嘱她："以后发生任何事情都要告诉我，千万不要有顾虑，我们一起想办法解决。"

李娅的遭遇想必是很多女性想说又不敢说的"痛"，其实，这种事情大家完全可以对丈夫直言相告。这样做至少有四个好处：一是表达对丈夫、对家庭的忠诚；二是让丈夫为你出谋划策，毕竟男人在遇到意外事件时相对比较理智，心理承受力更强；三是夫妻商量，可以碰撞出更

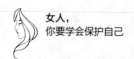
多的应对策略；四是提前给丈夫打好预防针，以防今后可能出现类似遭遇甚至是更大伤害时，丈夫一时间感到太意外而不再信任你。

反之，你可以对丈夫隐瞒一时，却无法做到"就像什么事都没有发生一样"，你的思想会不平静，你的情绪也会出现异常。因为一是你觉得亏欠丈夫，对丈夫不忠诚；二是你担心事情暴露，会被丈夫误解，影响夫妻之间的信任；三是坏人会继续逍遥法外，可能还会用同样的手段欺负你，这个时候你只能独自面对。

所以，为了让自己心里踏实，为了让坏人得到应有的惩罚，你有必要和丈夫实话实说。至于你丈夫能否接受，考验的是他的处事能力。通常来说，大多数男人是能够接受的，如果你丈夫不能接受，那说明他对你缺乏体谅之心和爱护之心。这样的男人是不会和你长久的，今后你受到别的伤害，如失业了，摔伤了，病残了，他同样会弃你而去。

当然，如果你丈夫是个脾气暴躁的人，容易冲动行事，那么你在讲述自己遭遇的时候，就要注意措辞了，尽量大事化小，切莫添油加醋，火上浇油。而且把事情告诉他之后，一定要提醒他冷静，引导他思考合法合规的应对之策，说明冲动会造成什么样的后果。比如，败坏你的名声，恶意伤害他人要承担法律责任等。